国家自然科学基金项目(52304149)资助
中国博士后科学基金第76批面上项目(2024M760027)资助
山西省基础研究计划(自由探索类)青年项目(202103021223093)资助
2025年安徽省博士后科研项目(2025A1028)资助

废弃矿井采空区覆岩裂隙导通机理及水气两相渗流特性研究

张纯旺 著

中国矿业大学出版社
· 徐州 ·

内容提要

我国废弃矿井数量众多，遗留瓦斯资源开发潜力巨大。本书从覆岩破断特征的源头出发，在流体运移机制处落脚，紧紧围绕“覆岩裂隙导通机理”和“裂隙网络水气渗流特性”开展研究。全书阐明了覆岩破断块体结构演化特征及荷载分布规律，揭示了采动下覆岩破断力学机制及裂隙通道形成机理；研究了采后覆岩裂隙分布形态，定量分析了横纵裂隙几何参数分布特征，明晰了覆岩破断裂隙岩体的多尺度结构演化规律，建立了反映裂隙网络几何形态的水气两相流模型；揭示了废弃矿井采空区覆岩大尺度裂隙网络内水气两相流运动特性。

本书可作为矿业类相关专业的高等学校教师、科研院所研究人员及废弃矿井资源利用设计人员的参考用书。

图书在版编目(CIP)数据

废弃矿井采空区覆岩裂隙导通机理及水气两相渗流特性研究 / 张纯旺著. — 徐州 ：中国矿业大学出版社，2025. 7. — ISBN 978-7-5646-6934-8

Ⅰ. TD82

中国国家版本馆 CIP 数据核字第 2025HM1118 号

书　　名　废弃矿井采空区覆岩裂隙导通机理及水气两相渗流特性研究
著　　者　张纯旺
责任编辑　李　敬
出版发行　中国矿业大学出版社有限责任公司
（江苏省徐州市解放南路　邮编 221008）
营销热线　(0516)83885370　83884103
出版服务　(0516)83995789　83884920
网　　址　http://www.cumtp.com　**E-mail**:cumtpvip@cumtp.com
印　　刷　徐州中矿大印发科技有限公司
开　　本　787 mm×1092 mm　1/16　**印张** 10.25　**字数** 201 千字
版次印次　2025 年 7 月第 1 版　2025 年 7 月第 1 次印刷
定　　价　46.00 元

前　言

在“双碳”目标实现与煤炭深化供给侧改革的大背景下，大量资源枯竭及产能落后的煤矿被逐步淘汰，我国关闭矿井的数量不断增加，但废弃矿井采空区中仍赋存大量的煤炭、水、瓦斯等可利用资源，这些资源的二次开发利用对区域经济的转型发展具有重要的现实意义。由于废弃矿井采空区内煤岩体破裂状况不清，水、瓦斯等流体赋存状态复杂，难以进行精准高效的开发利用。其中覆岩破断裂隙是影响流体赋存的关键因素，它作为通道对采空区内水、瓦斯等流体的运移具有主导作用，直接决定了采空区内水、瓦斯的空间赋存位置。因此，探究废弃矿井采空区覆岩裂隙导通机理及多尺度渗流特性，可为废弃矿井资源的二次开发利用提供理论支撑。

国内外学者对废弃矿井采空区覆岩裂隙导通机理及水气两相渗流特性进行了大量卓有成效的研究工作。针对采场应力演化及岩层破断运动规律，学者们通过相似模拟试验、现场实测及数值模拟计算等手段展开了广泛研究，证实了关键层对覆岩整体变形的控制作用，然而，目前研究仍存在岩层内部荷载传递规律不明、采动应力路径难以量化、软硬岩层耦合承载机理不清等问题，因此，仍需进一步开展采动卸荷下软硬相接岩层应力传递机制的研究，揭示软弱岩层间相互耦合承载机理与荷载传递的规律。针对采动作用下覆岩破断力学机制及裂隙导通机理，学者们在建立覆岩破断力学模型、推导应力分量解析解等方面的研究较深入，而关于覆岩破断引起的裂隙导通机理、断裂边界特征及开度变化等方面的研究尚不充分，因此，需要开展采动作用下覆岩破断裂隙导通机理及其形态特征的研究。针对采空区覆岩裂隙网络发育动态演化规律方面，学者们分别对宏观的裂隙场演化特征、采动裂隙分布规律及整体几何形态方面进行了研究，但对于裂隙网络演化规律认识不够深入，需进一步开展采空区覆岩裂隙网络多尺度结构特征、横纵裂隙几何参数定量统计及大尺度裂隙网络模型构建等相关内容的研究。此外，我国废弃矿井资源开发利用处于起步探索阶段，尚未形成成熟的理论体系，我国多处大型煤炭基地所面临废弃矿井资源二次开发的难题亟待解决。受前期开采扰动的影响，覆岩结构发生破断的同时也会引起地质流体发生运移，废弃矿井采空区内部形成了复杂的环境特征，遗留资源开发面临覆岩裂隙状况不清、瓦斯赋存状态不明的挑战，难以进行精准高效的开发利用。针对上述问题，本书以废弃矿井采空区资源开发利用为研究目标，针对覆岩裂隙导通机理及其多尺度渗流特性，采用室内试验、理论分析和数值模拟相结合的手段开展研究。全书首先通过单轴压缩试验探究了煤岩体的力学性质及其破裂过程，基于弹塑性力学理论探究了顶板覆岩破断力学机制，从标准试件的破裂和块体的断裂两个尺度研究了覆岩破断机制及裂隙通道特征；然后分别对原生裂隙煤岩体的渗流特性开展了研究，采用多场耦合试验压力机对原生裂隙岩体开展了水力耦合渗流试验，利用 CT 扫描技术从微细观的角度探究了原生裂隙煤体的孔裂隙特征及其渗流特性；最后针对采空区中瓦斯上浮和离层水下渗的现象，采用两相流界面追踪方法对采空区裂隙网络内水气两相渗流特性进行了模拟分析。

本书共分为 7 章。第 1 章详细阐述了废弃矿井采空区覆岩破断力学机制及采动裂隙网络渗流特性研究现状。第 2 章着重探究了单轴压缩条件下煤岩体力学特性及破裂演化规律，通过单轴压缩试验对煤岩体的力学性能进行了测试，联合声发射监测系统和数字散斑全场应变测量系统对破裂过程进行了监测，阐明了煤与砂岩在单轴抗压强度、变形特征及破坏模式等方面存在的显著差异；联合声发射和全场应变监测突破了传统以定性为主来判断破裂过程的局限性，更全面地反映了煤岩体破裂的过程。第 3 章着重研究了覆岩破断裂隙通道形成机理及其形态特征，从弹塑性力学的角度研究了覆岩破断的力学机制及断裂后裂隙的张开度特征，根据砌体梁结构关键块体运动演化过程及超前应力分布情况，建立了线性增压荷载悬臂梁模型，采用弹性力学应力逆解法获得了内应力分量解析解，结合莫尔-库仑剪切屈服破坏准则，推导了块体破裂迹线隐函数方程式。第 4 章着重探究了三轴加卸载作用下原生裂隙岩体的渗流特性，采用三轴多场耦合试验压力机对原生裂隙砂岩开展了不同围压及不同渗透压下的渗流试验，揭示了加卸载路径下渗流流量随围压及渗透压变化的渗流规律，并采用扫描仪对裂隙面的三维形貌特征进行了表征，基于扫描数据对流体在裂隙面的渗流进行了模拟分析，阐明了粗糙裂隙面优势渗流路径形成机理。第 5 章探究了原生裂隙煤体孔裂隙结构特征及微细观渗流规律，利用 CT 扫描技术对原生裂隙煤体进行扫描试验，获得裂隙煤体的内部孔裂隙结构特征，采用三维可视化软件对裂隙煤体提取了表征单元，并对孔裂隙模型进行了三维重构，使原生裂隙煤体内部储层结构及渗流路径得到了比较精细的表征。第 6 章结合数字图像处理技术与相似模拟试验，对采空区覆岩裂隙几何参数（宽度、迹长、面积、周长和倾角等）进行了统计分析，构建了大尺度采空区裂隙网络几何模型，基于废弃矿井采空区上方离层水下渗和垮落带瓦斯上浮的现象，采用界面追踪模型精细地捕捉了水气两相渗流的过程，揭示了大尺度裂隙网络内水气两相渗流特性。第 7 章对主要结论进行了总结，提出了研究展望。

本书主要是作者多年来在太原理工大学学习及工作期间通过主持的国家自然科学基金项目（52304149）、中国博士后科学基金第76批面上项目（2024M760027）和山西省基础研究计划（自由探索类）青年项目（202103021223093）所取得的研究成果。

本书能够得以顺利完成，需要感谢太原理工大学金智新院士、冯国瑞教授、宋选民教授和王宏伟教授以及渥太华大学 Mamadou Fall 教授、皖北煤电集团张宏忠教授级高级工程师的指导与支持。

由于作者水平有限，书中难免有疏漏和不妥之处，恳请前辈及同仁不吝赐教。

作　者

2025年1月16日

目　录

第 1 章　绪论 …… 1
1.1　选题背景及研究意义 …… 1
1.2　国内外研究现状 …… 3
1.3　研究内容及技术路线 …… 18

第 2 章　单轴压缩条件下煤岩体力学特性及破裂演化规律 …… 20
2.1　试验试件及设备 …… 20
2.2　单轴抗压强度及破坏特征 …… 24
2.3　煤岩破裂过程中的声发射响应特征 …… 29
2.4　数字散斑全场应变及动态破裂过程分析 …… 34
2.5　本章小结 …… 39

第 3 章　覆岩破断裂隙通道形成机理及其形态特征 …… 41
3.1　关键块体结构破断力学机制理论分析 …… 41
3.2　主应力场及应变能密度分布特征算例分析 …… 48
3.3　裂隙通道形态及其张开度特征分析 …… 53
3.4　本章小结 …… 58

第 4 章　三轴加卸载作用下原生裂隙岩体渗流特性研究 …… 60
4.1　试验试件及流程 …… 60
4.2　裂隙岩体渗流特性分析 …… 65
4.3　岩石裂隙面三维形貌特征及渗流路径分析 …… 70
4.4　本章小结 …… 85

第 5 章　裂隙煤体三维重构及微细观渗流机理研究 …… 87
5.1　试验概况 …… 87
5.2　数字岩心微观孔裂隙结构特征 …… 92

5.3 煤体孔裂隙结构及微细观渗流特性分析 …… 95
5.4 本章小结 …… 103

第6章 废弃矿井采空区覆岩裂隙网络水气两相渗流特性研究 …… 104
6.1 采空区覆岩裂隙分布特征 …… 104
6.2 基于图像识别的裂隙网络统计分析 …… 108
6.3 采空区覆岩裂隙网络水气两相渗流模拟 …… 119
6.4 本章小结 …… 123

第7章 结论与展望 …… 125
7.1 主要结论 …… 125
7.2 创新点 …… 128
7.3 展望 …… 128

参考文献 …… 130

第1章 绪 论

1.1 选题背景及研究意义

煤炭是我国维系经济发展和国家安全的基础能源，在当下不断深化供给侧结构性改革的大背景下，我国煤矿企业通过兼并重组、资源整合、合作控股、关闭小煤矿等多种方式对煤炭产业结构进行调整，将逐步淘汰生产规模小、产能落后、资源枯竭和亏损严重的矿井[1-2]。特别是随着近年来煤炭去产能步伐的不断加快，全国煤矿数量由2005年的2.48万处减少到了2020年的5 300处。据相关统计，仅2020年我国关闭煤矿的数量就达到了428处、淘汰落后产能约1.5亿 t/a[3]。另外，《煤炭工业"十四五"高质量发展指导意见》中指出"十四五"期间还要关停1 300余处煤矿。据保守估计，到2030年我国废弃/关闭矿井数量可达1.5万处，其中赋存的瓦斯资源储量近5 000亿 m^3，遗留煤炭资源量约为420亿 t[4-6]。由此可见我国废弃矿井数量众多、赋存的资源丰富，存在巨大的二次开发潜力。但其中所遗留的煤炭存在发生氧化作用自燃的风险，瓦斯可能通过裂隙向地表运移，存在泄漏的潜在危险，同时矿井中发生逸散的有害气体会破坏大气环境[7]。如此众多的资源存在于采空区中，具有潜在的安全隐患，若对其中的资源加以利用，不仅可以减少能源浪费，也有利于企业的转型发展，其中的瓦斯资源可以变废为宝，缓解我国长期以来天然气供应不足的窘状[8]。

近年来，山西省在大量调研的基础上推出了一系列的举措来积极推进能源革命，率先开展了地面钻井抽采废弃矿井采空区瓦斯的工程实践并取得了一定的成效。山西省能源局发布的全省生产煤矿生产能力公告显示，截至2020年12月底，山西省共有生产煤矿668处，合计产能104 560万 t/a。其中，产能在120万 t/a及以上的有324处，合计产能77 360万 t/a，占总产能的74%；产能在90万 t/a及以下的有340处，合计产能26 590万 t/a，占总产能的25%[9]。随着低产能、规模矿井的相继关闭，废弃矿井数量及采空区面积在逐步增加。据调查，其中具有二次开发利用价值的采空区面积约为2 052 km^2，残余的瓦斯资源储量约为726亿m^3。在此基础上重点推进实施了废弃矿井煤层气开发利用的现场试验，如在晋圣永安宏泰煤业采空区实施了27口地面抽采钻井，其中15口钻井抽采天数超过3年，单井日均产量1 155 m^3，平均抽采浓度高于81%，单井日产气量最高可达5 040 m^3；在沁秀岳城煤矿采空区实施了大直径地面采动井YCCD-02井，煤层气单日抽采量最高达3.79万m^3，累计抽采量达3 700万m^3。这些项目的实施取得了良好的效果，为采空区地面钻井瓦斯抽采技术的推广和应用奠定了基础[10-11]。为了稳步推进废弃矿井瓦斯利用，山西省自然资源厅于2020年11月首次挂牌出让了太原南峪、晋城古书院和晋城王台铺3个废弃矿井煤层气抽采试验区块，拉开了废弃矿井剩余瓦斯资源再利用的序幕[12-13]。

由以上可以看出，我国对于废弃矿井瓦斯资源的利用已经取得了一定的成效，但在实施的过程中也存在诸多的技术难题[14-16]，例如存在大多数钻井瓦斯压力偏低（2～20 kPa）、个别钻井出气量少或不出气、含水层通过钻井向采空区蓄水、地面钻井井位布置不合理和抽采流量不平稳等问题。为了进一步开发利用好我国闭坑矿井中这一独特的资源，需要我们对废弃矿井采空区内部的环境特征进行深入剖析。采矿活动实际上也是一种对地下空间进行人工改造的过程，废弃矿井采空区受前期采矿活动的影响显著，煤炭的开采首先引起了覆岩结构改变，同时采空区相对应的水气环境也会随之发生改变。采空区自上而下分别为弯曲下沉带、裂隙带和垮落带[17-18]，上覆含水层中的水会向弯曲下沉带的离层空腔内汇聚，并通过裂隙向采空区下方流动，同时垮落带内由于卸压作用使煤岩体发生解吸所产生的瓦斯浓度逐渐增加，并在浮力的作用下向采空区上方扩散，可见采空区内固-液-气（裂隙煤岩体-水-瓦斯）三相共存[19-21]，共同构成了废弃矿井采空区内复杂的环境特征。

如图1-1采空区覆岩结构及水气分布示意图所示，废弃矿井采空区裂隙导流通道的形成一方面与前期开采过程中覆岩的破断及裂隙场的演化密切相关，另一方面，岩层破断形成的裂隙通道渗流特性对于采空区内瓦斯运移富集、采空区积水演化、地面钻井井位布置及优化等均具有重要的影响。因此，本书围绕废弃矿井采空区破断裂隙通道形成机理及多尺度渗流特性展开研究，对于认清采空区内破断裂隙通道的特征及流体在裂隙煤岩体中的渗流特性、合理确定水气运移的主要导流通道等方面具有重要的作用，同时可以为地面钻井井位布置及其优化提供指导，对于废弃矿井采空区资源的二次利用开发具有一定的现实意义。

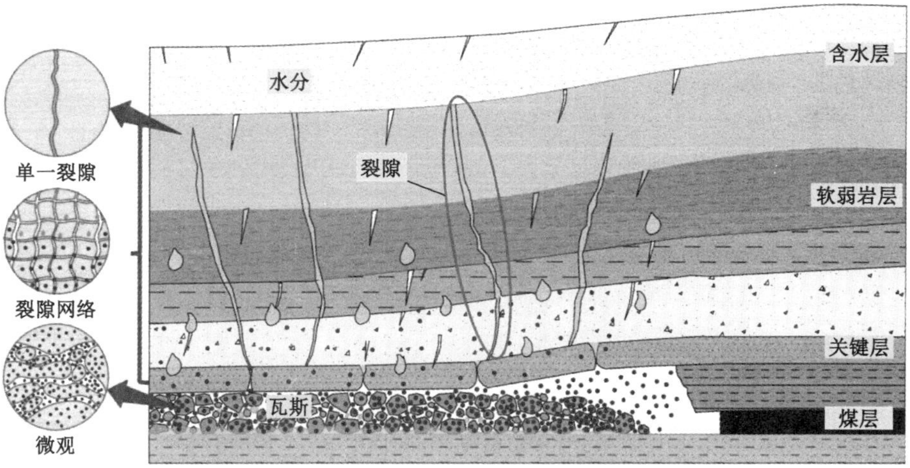

图 1-1 采空区覆岩结构及水气分布示意图

1.2 国内外研究现状

1.2.1 煤岩体力学特性及其变形破裂监测

了解煤岩体的力学性质是开展研究的基础，国内外学者对煤岩体力学特性及其变形破裂演化规律开展了众多的研究，其中大部分的研究主要在实验室内开展，一般通过压力机来测试煤岩体的力学强度及变形破坏特征。宋红华等[22]指出煤体的非均质性是导致煤岩破坏特征产生差异的主要原因，单轴抗压强度与非均质系数呈现负相关关系；苏承东等[23]指出分级加载下煤的单轴压缩曲线没有明显的峰值点，呈现出明显的时滞性；Song 等[24]对一系列不同尺寸的煤样开展了单轴压缩试验，研究了尺寸效应的各向异性；Kong 等[25]对含有原始裂隙的煤样进行了单轴压缩试验，并采集了破裂过程中的声发射信号和裂纹扩展的过程；Liu 等[26]研究了保德低阶烟煤的力学行为，指出应力-应变响应分为四个阶段，随着围压的增加屈服应力和峰值应力呈现非线性增加；Yao 等[27]研究了不同含水量煤样的破坏模式，指出随着含水量的增加煤样中剪切裂纹占的比例更大；卢志国等[28]对富含结构弱面的煤岩体开展了单轴压缩试验，发现结构性煤体破坏过程存在间歇性破坏行为；Mishra 等[29]分别采用轴向应变和横向应变两种控制模式对煤和砂岩的峰后破坏行为进行了研究，通过比较两种模式下的应力-应变曲线，发现试件同时表现出Ⅰ类和Ⅱ类破坏模式；张志镇等[30]对单轴循环加卸载条件下红砂岩试件的能量演化规律进行了分析，指出弹性能随轴向应力呈现非线性增长的趋势；Zhang 等[31]对含煤地层中的泥岩、粉砂岩和粉质泥岩三种岩石开展了单轴压缩试验，发现粉砂岩以劈裂破坏为主，而泥岩和粉质泥岩以剪切破坏为主；Wang 等[32]研究了煤、泥岩和砂岩三类煤岩体的单轴压缩力学行为，发现在煤和泥岩中体积膨胀行为随着破坏程度的增加而逐渐消失，而在应变硬化行为不太明显的砂岩中保持稳定。

煤岩体破裂的过程中伴随着能量的积累和释放，学者们对单体、煤岩组合体及含孔洞缺陷煤岩体等进行了研究。左建平等[33-34]通过加卸载试验研究了各种煤岩组合体的力学性能及其冲击倾向性；窦林名等[35]探究了煤岩组合体试样的变形破裂规律；Huang 等[36]对组合煤岩体开展了不同加载速率下的单轴压缩试验，指出组合体的应力-应变特征取决于刚度最小的部分；郭东明等[37]分析了倾角对煤岩组合体整体变形破坏的影响；Liu 等[38]使用应变仪对煤岩组合体中煤的应力-应变行为进行了测试，指出当煤岩组合体破坏时岩石的应变恢复对煤的破坏起到了促进作用；Zhang 等[39]对不同厚度煤体的煤岩组合体开展了数值模拟研究，指出破坏时的应力阈值随高度比的增加而增大。

近年来，随着各种监测手段的不断进步，声发射监测技术[40-44]、数字散斑图像处理技术[45-48]、电磁辐射[49-52]等监测手段正在被广泛用来探究煤岩体破裂过程中的响应特征。Li 等[53]利用已建立的声-电-热多参数试验系统对煤岩体破坏过程中的声发射特征、表面势及红外热辐射进行了监测；赵兴东等[54]采用声发射监测系统分析了岩石试件破裂过程中裂纹的发育及扩展；Xiao 等[55]采用声发射监测系统对煤样破坏过程中的 AE 计数、能量及频谱等信号进行了采集，指出不同的加载阶段呈现出不同的特征；Wang 等[56]分析了类岩石材料在非均匀分布载荷下的声发射特征，发现声发射特征和力学行为具有明显的局部化分区；Xu 等[57]分析了在不同应力水平下声发射的能量速率、累积能量分布和时空演化规律；Cao 等[58]指出 AE 计数曲线和岩石应力-应变曲线存在明显的对应关系，随着加载速率的增加峰值强度和弹性模量增加，AE 能量明显增加；Sun 等[59]研究了多级动载下煤岩体的应力和声发射的关系，发现煤岩体累积疲劳强度小于单轴抗压强度，且动态加载速度越高煤岩体强度越低；Liu 等[60]研究了单轴压缩下煤破裂的声发射信号，分析了不同应力水平下声发射波形的频谱和能量特征，指出在荷载作用下煤破坏呈现渐进特征，相应的 AE 信号伴随阵发性。

另外，在数字图像相关方法监测煤岩体破裂方面，Yang 等[61]通过数字图像相关技术对低应变率下不饱和泥岩的裂纹扩展过程进行了监测；Munoz 等[62]通过 3D-DIC 技术获得了不同宽高比砂岩样品单轴压缩过程中的全场应变演化，指出局部应变的程度及速率与应力的增加有关；马永尚等[63]指出数字图像技术能够直观反映含圆孔岩石表面裂隙的产生及扩展演化；Xing 等[64]利用高速 3D-DIC 方法研究了三种不同应变速率下砂岩的全场应变及应变率场；王学滨等[65]采用数字图像相关方法对单轴压缩过程进行监测，发现随着加载过程的推移，应变局部化带宽存在逐渐变窄的趋势；袁媛等[66]通过 DIC 技术对不同裂隙倾角和填充条件下裂纹的起裂、扩展和贯通规律展开了研究，发现岩样呈现出明显的张拉破坏特征；Vora 等[67]采用数字图像相关技术对一系列光学图像的整体应变场进行分析，清楚地显示了压缩过程中非均匀应变场的发展过程；Yin 等[68]采用高速相机对单轴压缩过程中层状砂岩的变形破裂进行了监测，显示沿层理面发生剪切滑移破坏；Zhao 等[69]对单裂隙岩样开展了单轴压缩试验，并用数字图像相关技术监测裂纹的扩展，发现主应变场的集中和演化与裂纹的萌生、扩展和聚结一致；Sun 等[70]采用数字散斑相关方法（DSCM）对单轴压缩下胶结煤矸石试件的表面变形进行了监测，发现随着加载的进行逐渐形成局部变形区，且速率逐渐加快；肖晓春等[71]从数值模拟的角度研究了颗粒煤岩破裂过程的声发射与电荷感应，发现声电信号幅值突变的剧烈程度是煤岩失稳的前兆；Zhu 等[72]应用数字图像相关技术（DIC）和声发射技术（AE）来记录砂岩的变形和破裂过程，指出充填物和缺陷形状对砂岩强度和变形具有重要的影响；Tang 等[73]采用 6 个摄像头组成的三维数字图像关联系统捕获了圆柱四周的应变及裂纹演化过程；宋义敏等[74]对单轴压缩条件下红砂岩试件的声发射特征、变形局部化带及其错动响应特征进行了研究；Xie 等[75]采用 AE 声发射系统和 DSCM 图像相关技术对单轴压缩条件下煤样的表面变形和破坏过程进行了记录；Pan 等[76]联合采用声发射测试系统与 3D 数字图像相关技术对预制裂纹的岩石开展了单轴压缩试验，分析了达到峰值强度之前的应变场演变特征及声发射能量积累和耗散特性；Lotidis 等[77]对含有圆孔的岩样开展了单轴压缩试验，采用声发射和全场数字图像技术监测了试件破裂及剥落过程，发现轴向应力与孔径呈现指数关系；Zhao 等[78]采用 DIC 技术对双平行裂缝试件中裂纹的萌生、扩展和聚结的过程进行了监测；Chen 等[79]通过三维图像相关方法（3D-DIC）获得了岩石表面的轴向应变场，分析了不同振幅轴向循环拉压荷载作用下灰岩的损伤演化和裂纹扩展过程；Xing 等[80]采用时空子集数字图像相关方法（STS-DIC）对含有裂缝的异质形变场进行了测量；Liu 等[81]通过数字图像相关方法对单裂隙大理岩单轴压缩过程中的全场应变演化进行了监测，指出在裂纹附近出现应变局部化特征。

通过分析以上文献可以看出，煤岩体在力学性质方面存在一定的差异，同时对于监测煤岩体破裂过程比较成熟的测试手段包括声学、光学和电磁学等方面，煤岩变形破坏过程中会以弹性波（声发射）的形式向周围释放能量，声发射特征参数（声发射能量、撞击率、幅值和定位等）可以反映出煤岩体内部裂纹扩展演化的过程，而 DIC 数字图像相关方法可以很好地对破裂过程的表面变形场进行监测，将它们联合使用能够更加全面地反映煤岩体的破裂过程，可以更好地研究煤岩破坏机制及裂纹扩展规律。

1.2.2 覆岩破断力学机制及裂隙演化特征

废弃矿井采空区裂隙导流通道的形成与前期开采过程中覆岩破断密切相关，采场覆岩的破断规律一直是采矿工程与岩石力学界所研究的课题[82-84]，顶板突然发生破断时弹性能释放易引发冲击地压，同时破断后的裂隙通道特征对于采空区内瓦斯和水运移起到关键的作用[85-87]，因此研究覆岩破断的力学机制及裂隙演化特征，对于废弃矿井采空区资源的再利用具有重要的作用。

众学者通过理论分析[88-90]、现场调研[91-93]及相似模拟[94-96]等方法进行了研究。在顶板岩层的破断力学特性研究方面，研究者们在建立破断模型的基础上对顶板岩层的破断位置、破断角度及破裂迹线等方面进行了大量研究，其中钱鸣高院士的关键层理论[97]和宋振骐院士的传递岩梁理论[98]为研究岩层破断提供了基础。在岩层破断模型方面，靳钟铭[99]提出了坚硬顶板弹性悬臂梁模型，解释了来压前岩体加速下沉和反弹特性；黄庆享等[100-101]基于浅埋煤层台阶下沉现象，建立了“短砌体梁”和“台阶岩梁”模型；史红等[102]利用两端“嵌固梁”模型指出了厚硬岩层的剪开、压剪和拉断三种破坏方式；于斌等[103]、朱卫兵等[104]针对大同矿区坚硬顶板特厚煤层综放开采，指出基本顶以上的远场呈特殊的“高位结构”，易引发大周期来压；杨胜利等[105]指出随关键岩层厚度的增加，破断形式由拉伸破断向剪切破坏转变；张明等[106]指出在工作面开采的过程中，伴随着覆岩破裂运动和应力转移两个过程，厚硬岩层不同运动状态是形成复杂覆岩结构和应力演化的主要原因；Li 等[107]基于主关键层所形成的铰接岩块砌体梁模型，探究了由块体发生失稳时的回转速度所引起的动态荷载对采空区所产生的冲击作用。

为了探讨岩层破断的力学机制，众学者从岩层破断的理论解析方面入手，从剪力、挠度、弯矩及能量分布的角度分析了顶板破断的过程[108-111]。韩红凯等[112]建立了关键层滑落失稳后的结构模型，指出水平推力作用下岩块滑落后“再稳定”，阻碍了块体进一步滑落，解释了发生台阶下沉而支架未被压死的现象；解兴智等[113]推导了均布荷载下“悬臂”结构的内应力解，分析了悬臂破断长度与悬臂长度的关系；赵晓东等[114]建立了梯形荷载下支架围岩结构模型，推导了初次来压和周期来压计算公式，指出周期来压步距与岩块之间的摩擦系数成反比；宁静等[115]建立了综放工作面多区支撑顶板力学模型，分析了开采过程中顶板弯矩和剪力分布特征，得到了基本顶在煤壁前方断裂、煤壁处断裂和采空区断裂的条件；杨俊哲等[116]建立了“主控层＋软弱层”组合承载结构模型，推导了滑落失稳的判据，并通过相似模拟分析了不同“基载比”条件下覆岩结构的破坏规律。

关于岩层破断角度及破裂迹线方面，曹胜根[117]指出破断角的大小与直接顶强度有关，软弱直接顶的破断角为83°，远大于坚硬岩层的破断角49°；杨鹏[118]经过研究得出祁连塔煤矿上覆岩层的破断角度在采空区侧为64°、煤壁侧为61°；张培鹏等[119]指出高位硬厚岩层破断角的范围为45°～90°，破裂迹线总是与岩层层面呈一定角度；李江华等[120]对赵固矿区厚松散层薄基岩复合破断进行研究，指出岩层破断移动角约为70°；许斌等[121]对关键层破断角进行了推导，得出关键层破断角范围为57.5°～71.0°，关键层厚度与荷载层厚度比值不同对破断角的影响程度不同。

关于覆岩破断后裂隙的演化特征及发育形态方面，Guo等[122]研究了裂隙带的空间形状、位置及渗透率演化，指出在裂隙带中上部沿顶板周边存在一个环形气体流通道；Lu等[123]指出渗透率较高的裂缝带出现在采空区两侧，且随开采距离的增加裂隙带的深度呈指数性增长；孔胜利[124]指出断裂带内采动裂隙以水平离层裂隙和垂向破断裂隙为主，构建了离散裂隙网络模型，探究了高抽巷位置对断裂带瓦斯汇集特征的影响；Wang等[93]采用物理相似模拟和离散元数值模拟的手段计算了孔庄煤矿的裂隙带高度，并对孔隙度分布进行了统计分析；闫浩等[125]指出上覆岩层裂隙以横向离层裂隙和纵向断裂裂隙为主；Cao等[126]发现采空区覆岩逐渐形成了梯形的采动裂缝网络，在梯形带上端发现了最大的裂缝；王云广等[127]根据高强度开采下西部矿区覆岩变形破坏特征，揭示了覆岩运移过程具有变形量大、变形速度快和非连续变形的特点；左建平等[128]基于概率积分法和剪切滑移理论指出厚松散层覆岩破裂位移场呈现“类双曲线”形态；Poulsen等[94]采用PFC软件对采动裂缝和渗流路径进行了模拟，指出裂隙带的渗透率明显增加，是原始渗透率的10～20倍；Zhuo等[129]指出采空区中部的裂缝经历了扩展—闭合—稳定的过程，两侧的垂直裂缝经历了扩张—稳定的过程，整个漏气裂缝呈“回”形分布；Li等[130]通过数值模拟研究了三种典型开采方式下裂隙场的形态特征；Zhang等[131]发现关键层对于裂缝的发育具有控制作用，关键层的破断沟通了承压含水层，引发了采场涌水渗流行为；张东升等[132]开发了三维固液耦合相似模拟试验系统，通过并行电法、氡气探测及红外监测实现了对覆岩渗流场、裂隙场演化的实时监测；黄庆享等[133]指出随工作面推进覆岩出现周期性的平行裂缝；曹志国等[134]分析了岩层破断回转运动所产生的块体形态，将其划分为上端张拉裂隙、下端张拉裂隙和中部压实的贴合裂隙；Zhang等[135]通过物理相似模型发现两侧和顶部存在较大的裂缝，并提出了量化裂隙带中水平裂缝和垂直裂缝尺寸的方法；Bai 等[136]指出在长壁工作面附近区域存在两种裂缝，一种是层间拉伸破裂引起的平行裂缝，另一种是块体发生剪切破坏引起的剪切滑移裂缝；侯恩科等[137]揭示了采动地表裂缝平面展布、动态发育规律与工作面生产进度之间的关系，指出沟底平行切眼裂缝多以“台阶状”发育；郝春生等[138]基于覆岩的运移规律和裂隙场分布形态，指出将 L 型地面钻井底部置于“O”型圈裂隙中上部时抽采效果最好；程详等[139]采用多种手段研究了软岩保护层开采覆岩采动裂隙的演化规律，指出瓦斯主要在采空区侧竖向裂隙发育区和远程离层裂隙中富集；徐祝贺等[140]研究了工作面中部裂缝的发育机理，指出裂缝动态发育具有“双周期＋稳定期”的特点；Sun 等[141]通过理论与物理试验分析了岩梁梯形块体结构的破断形态，提出采用内外“类双曲线”模型来描述岩层移动与地表沉降规律；杨俊哲等[142]通过钻孔电视和地球物理测井等手段分析了大采高工作面采空区覆岩“三带”分布，指出覆岩运动受多个关键层共同控制；Zhao 等[143]通过分形理论计算了物理相似模拟中裂隙带的分区特征，将气体运移通道划分为瓦斯活跃区、瓦斯循环区和瓦斯富集区；Wilkins 等[144]根据所提出的渗透张量公式计算了采空区裂隙带的渗流路径；程香港等[145]基于覆岩导水裂隙带发育特征开展了不同间距和隙宽的数值模拟实验，分析了采动渗透率的动态变化规律。

通过以上分析可知，众多学者通过建立破断力学模型，将岩层破断的实际工程问题转化为力学模型求解问题，值得关注的是简化模型时不应该过于简化，需要同时考虑岩层自身的性质和外部给定的边界条件，这对模型的求解造成了一定的困难，加之地层条件的复杂性以及岩层自身破断机制的不明确性，所以关于覆岩破裂迹线解析解方面的问题一直没有得到很好的解决。关于采空区裂隙场演化特征方面，覆岩结构的演化与岩层的破断有直接联系，特别是破断角度和破裂迹线都会影响岩层结构的整体形态，目前研究大多基于传统的“横三区、竖三带”分区展开，对于裂隙网络中具体的裂隙通道形成机理研究较少，对于裂隙导渗通道的形态及张开特征研究更少，但对于废弃矿井采空区来说，裂隙通道对于流体的运移起到更重要的作用，因此应该在废弃矿井采空区空间结构的基础上，进一步分析裂隙通道特征对流体运移的主导作用。

1.2.3　裂隙面几何形貌特征及其渗流特性研究

覆岩破断后必然产生纵向的贯穿裂缝，它们是各种流体在其中流动的主要通道，与块体相比裂缝的渗透明显增加，对采空区内水和瓦斯的运移起到了主导作用，而流体在裂隙岩体内的流动也是一种应力-渗流相互耦合的过程，其中裂隙面的粗糙度对其导渗特性也有重要的影响。因此，探究裂隙面几何形貌特征及其渗流特性对于分析采空区裂隙带内流体的运移具有一定的意义。

由于采空区裂隙带内裂缝网络十分复杂,为了深入了解裂隙带内流体的流动特征,基于从简单到复杂的思路,众多学者首先对单一裂隙煤岩体渗流特性这一基础课题开展了研究。蒋宇静等[146]指出单裂隙渗流特性研究是裂隙岩体渗流的基础,借助数字摄像设备可以更加翔实地研究渗流过程;贺玉龙等[147]研究了不同节理粗糙度系数单裂隙渗流特征;Luo 等[148]指出岩石裂缝是裂隙岩石中流体流动的主要通道,裂缝表面粗糙度可在不同程度上影响裂缝网络中的流体流动和传热过程;王志良等[149]采用格子 Boltzmann 方法计算了粗糙裂隙岩体的渗流特性,指出壁面对流体的阻碍作用使得附近的流体产生旋涡;Zou 等[150]对粗糙裂隙面进行了 5 组不同流入边界条件的渗流模拟,重点研究了孔径变化和流动条件对非线性流动行为的影响,结果显示出沿优势路径通道流动;Zhao 等[151]对不同围压下的单一裂缝岩石开展了瞬态脉冲试验,研究了流速与水力梯度的关系,并采用扫描技术对裂缝面形态变化进行了定量分析,指出随着水力梯度的增高流速与水力梯度的关系逐渐由非线性向线性转变;Li 等[152]分别对单裂隙砂岩和花岗岩开展了渗流传热试验,研究了沿流动方向的局部传热特性,指出裂隙面的粗糙度在一定程度上提高了整体的传热效率,样品外部温度沿流动方向呈现出多峰值非线性变化特征;Rong 等[153]对不同粗糙度的花岗岩开展了渗流试验,并通过三维形态参数分析了粗糙度对流动特性的影响,提出了一个新的公式来描述岩石裂缝中的非线性流动行为;Briggs 等[154]采用格子 Boltzmann 方法(LBM)研究了粗糙度对裂缝流动的影响,分别对统计生成的二维假设裂缝和天然裂缝进行了模拟研究,指出在相同的雷诺数下裂缝粗糙度的增加会导致涡流体积的增大和有效传导率的降低;单鹏飞等[155]考虑区域地应力对裂隙煤岩体渗流的影响,建立了煤岩内部裂隙时空演化规律的力学试验系统;杨洁[156]研究了法向应力对裂隙节理剪切特性的影响,发现水力梯度与渗流流量之间呈现非线性关系;Wang 等[157]提出了修正的立方定律来描述单相饱和层流在粗糙裂缝中的流动,通过将流动迂曲度、孔径变化和局部粗糙度引入孔径场中,可以很好地量化裂缝流场中的体积流量;Yin 等[158]对具有各种角度的真实裂隙网络的岩样开展了加卸载渗流试验,研究了通过裂缝网络的非线性流动行为,分析了裂缝夹角和载荷条件对临界水力梯度的影响;Asadollahpour 等[159]通过试验和数值模拟的方法研究了不同酸化时间下裂缝表面粗糙度演化,指出粗糙度分布峰值的减小和裂缝闭合度的增大促进了裂缝的导流能力;Xiong 等[160]通过扫描技术建立了裂缝网格,表明随着雷诺数的增加,凹凸裂缝面的粗糙度增加了流体速度分布的复杂性,并产生了涡流现象;Blöcher 等[161]对单一宏观裂隙面红砂岩开展了渗流试验,得到了岩石内在参数、渗透率随应力-应变的变化，并对基质-裂缝系统开展了水力耦合数值模拟，指出裂缝开闭过程中凸点周围的变形对渗透率具有明显的影响；Chen 等[162]对 4 个裂隙砂岩开展了渗流试验，研究了不同围压作用下粗糙裂隙面的几何特征及其非达西渗流行为，指出 Forchheimer 方程可以较好地描述粗糙裂缝中的渗流特征；Wu 等[163]研究了岩石裂缝中浆液的空间分布及其对渗透率的影响，指出沉淀物沿流动方向呈现对数正态分布，由于堵塞导致由层流向通道流过渡；Dang 等[164]通过有限元模型重建了三维粗糙裂隙面，并采用 Fluent 流体动力学研究了孔径大小变化对流体流动的影响，阐明了裂缝中有粗糙变形和无粗糙变形时的流动特征；Kim 等[165]对含有锯切面的花岗岩、闪长岩和砂岩三种岩石开展了剪切渗流试验，研究了倾斜裂隙面在三轴围压作用产生滑移摩擦下的渗流行为；Chen 等[166]根据裂隙面形貌扫描数据建立了不同开度的粗糙裂缝渗流模型，发现空隙和接触区域的不均造成裂缝面上流体和热传递的非均质性，裂缝表面粗糙度对流速的影响较大；Peng 等[167]对 5 个圆柱体裂隙花岗岩开展了不同温度下的热力耦合渗透试验，发现随着温度的升高渗透率降低，粗糙裂缝面的凹凸变形对渗流通道具有明显的影响；Ishibashi 等[168]通过 3D 打印技术构建出了受表面粗糙度控制的裂缝模型，结果表明随着剪切位移的增加裂缝渗透率首先下降，然后随着裂缝面上接触结构的阶跃变化而发生振荡性增加；Shen 等[169]对单裂隙煤体开展了不同压力下的气体流动测试，并根据重建后的三维几何形貌进行了模拟分析，指出裂缝煤体的渗透率具有很强的各向异性。

裂隙面的三维几何形貌特征必然会对裂隙渗流产生一定的影响，众学者对粗糙裂隙面的形貌特征及其对渗流的影响开展了进一步的研究。Lanaro[170]利用三维激光扫描技术测量了裂隙岩体的表面形貌特征，指出粗糙面高度和孔径的标准差均服从幂律函数；郭保华[171]通过测取大量圆柱体裂隙面的轮廓线，分析了粗糙度系数 JRC、粗糙角 i、分形维数 D 和截距 A 等参数的关系；王鹏等[172]对甘肃北山花岗岩裂隙密度进行了统计分析，指出该区域裂隙面密度分布具有显著的空间自相关性；He 等[173]采用分形维数 D 和轮廓波纹度 Ra 来表征表面粗糙度；Wang 等[174]利用小波分析法将原始裂缝表面粗糙度分解为大尺度的起伏和局部尺度的非均匀性，指出裂缝面整体的起伏程度对压力分布和流动通道具有控制作用，而局部尺度的凹凸特征决定了流体流动的非线性；Duan 等[175]使用非接触式激光扫描系统捕获了断裂面的 3D 点云数据，并对重建后的裂隙面几何模型进行了流动模拟，指出裂缝中的流体绕过具有阻力的接触区域，裂缝闭合过程中流量呈现指数型下降；Lu 等[176]利用激光扫描仪得到了酸蚀裂隙面的形貌特征，定义了曲折率来描述粗糙表面的结构特征；Vogler 等[177]对比了不同尺寸的天然岩石裂缝和人造裂缝的表面特征，指出人工裂缝表面的空间相关度较低;Zou 等[178]通过激光扫描表面层析成像技术建立了基质-粗糙裂缝模型,通过数值模拟研究了粗糙裂隙面上流体流动和溶质输运行为,指出粗糙度显著增加了裂缝表面速度场的非均质性;Yong 等[179]采用傅里叶级数确定了岩石节理粗糙度测量中的采样间隔,以不同的谐波项来对不同粗糙度的轮廓进行近似;Varela Valdez 等[180]提出了一种使用 DEM 制作粗糙节理的方法,研究了恒定速度和恒定荷载下 8 个不同粗糙度裂隙面的剪切特性;Huang 等[181]对剪切作用下交叉裂缝模型的渗流行为开展了模拟研究,揭示了剪切过程中流体通过模型的优先流动路径的发展和变化;Zhao 等[182]对一系列花岗岩开展了直剪试验,使用三维激光扫描仪和激光衍射粒度分析仪对剪切断裂面进行了扫描,发现在不同法向应力下剪切碎片大小符合韦伯分布;陈跃都[183]基于 3D 扫描数据对裂隙几何特征进行了定量表征并开展了水力耦合试验,结果表明裂隙渗透率随围压增大而减小,裂隙面的凹凸起伏特征引起了水压力的非均匀分布;Rezaei Niya 等[184]依据裂隙面扫描数据提出了一种使用 JCR 和分形维数重建裂缝面的新方法;Zambrano 等[185]使用 LBM 方法对裂缝面上流体流动进行了模拟,指出裂缝面粗糙度对于渗透率具有一定的控制作用;Zhao 等[186]基于模糊综合评价分析法对剪切裂隙面进行了统计,指出粗糙角度 Si、算数平均峰顶曲率 Sc、均方根偏差 Sq 和高度分布集中度 Sk 四个形态参数存在较强的正相关性;Yin 等[187]根据分形维数和标准偏差人工生成了粗糙裂隙面,指出裂缝表面粗糙度对流体的非线性流动具有重要的影响;Kottwitz 等[188]针对粗糙裂缝面孔隙场的统计分析,提出了水力梯度与孔隙开度之间的经验公式,指出接触面积和渗透率取决于裂缝的相对闭合度;Shao 等[189]通过模拟分析了裂缝几何形貌对流体流动的影响,发现随着节理粗糙度系数的增大流体路径的扭曲度增大,呈现出明显的非达西渗流特性;Zhang 等[190]使用三维光学扫描仪对裂隙面进行了测量,并使用 COMSOL 软件对裂缝面的渗流进行了模拟,指出在剪切变形方向流体形成了相对畅通无阻的直线形流道;Liu 等[191]通过对破坏面的统计分析,指出裂隙面起伏角度能够描述剪切面的粗糙度和各向异性;Ban 等[192]根据 Grasselli 的表观倾角分布函数和接触理论,研究了不同倾角粗糙裂隙面的接触面积比,进一步阐明了粗糙节理面的剪胀机理;Tan 等[193]引入了阈值孔径的概念来量化估计单一裂缝岩石中的有效流动面积对岩石裂缝中水流的影响;Rong 等[194]通过考虑孔径分布和表面粗糙度来评估裂缝岩石的非线性流动行为;刘杰等[195]从可视化的角度采用颜色示踪技术统计了裂隙面的渗流面积,研究了不同法向应力、渗透压、倾角等多因素对渗流扩散面积的影响。

由于采空区裂隙带内裂隙网络十分复杂,研究具有一定的难度,大部分的研究者遵循从简单到复杂的原则,对单一裂隙煤岩体渗流行为开展了研究,但由于试验方法的差异性，不同研究者得到不同甚至相悖的结论。另外，煤岩体裂隙面几何形貌特征的差异也会对流体的运移产生影响，这也给裂隙渗流的研究带来了一定的困难。同时，目前大部分的研究试件主要通过劈刀将完整岩样劈裂而得，还有部分裂隙岩体通过 3D 打印裂隙面然后浇筑而来，通过这些方法获取的裂隙岩体虽然能够保证一致性，但其是否能够反映现实工程中存在的裂隙岩体值得商榷。另外，裂隙面的粗糙几何特征会对渗流产生一定的影响，裂隙面的水压力分布、渗流流场等分布规律值得我们进一步探究。

1.2.4 裂隙煤体孔隙结构及其微观流动特性

废弃矿井采空区中遗留的煤炭是瓦斯的主要来源，煤体中的微观结构是反映储层物理属性的关键参数。煤体中大量的微观孔隙是主要的储存空间，大部分的瓦斯存在于煤体孔隙结构中，在开采卸压作用的影响下煤体微孔隙内的瓦斯会通过裂缝向外部渗流，其中潜在的裂缝对瓦斯的运移具有一定的控制作用。因此，为了深入探究采空区中瓦斯运移的机理，需要在分析裂隙煤体空间结构特征的基础上对其微细观渗流特性进行分析。

前人在煤体的微观孔裂隙结构综合表征方面及其微观渗流特性方面做了大量研究。Blunt 等[196]从纳米尺度对砂岩数字岩心进行了分析，指出砂岩中数量众多的纳米孔隙空间可以作为良好的储集空间；Landry 等[197]对含有裂缝的岩心进行了断层扫描试验，捕捉到了完整的裂缝和基质的孔裂隙特征；Ju 等[198]联合使用 CT 扫描技术和 3D 打印技术对煤岩体内部所包含的复杂裂缝和天然节理进行了可视化表征；Li 等[199]通过显微 CT 扫描分析了三种不同煤体孔隙连通性和渗透能力的差异；Zhao 等[200]通过计算机断层扫描技术（Micro-CT）和核磁共振技术（NMR），从微细观尺度上解释了岩心的物理特征；Li 等[201]基于扫描电镜和断层扫描技术研究了烟煤和无烟煤的三维孔裂隙网络结构，基于孔裂隙网络模型定量表征了孔隙度、孔喉特征及其连通性；王刚等[202]结合显微 CT 扫描和可视化技术对煤体中的孔裂隙结构进行了定量表征；Zhao 等[203]在纳米尺度研究了煤的孔隙结构，将其分割为孔隙、有机成分和矿物成分三个部分；Dong 等[204]为了弥补分辨率造成岩心裂缝信息的缺失，指出高精度分辨率的 X 射线 CT 扫描可以有效提高复杂裂隙岩样孔隙度和渗透率的准确性；Li 等[205]对黄土样品进行了断层 CT 扫描试验，通过对 3D 模型中孔隙率、配位数、节点密度、管道半径、长度、密度、倾角和方向的分析，指出马兰黄土具有明显的各向异性；Dong 等[206]通过高分辨率 CT 扫描对天然水合物储层的微观孔隙结构进行了表征，发现岩石样品的孔径主要分布在 1～5 μm 的范围内；Wang 等[207]使用 X 射线 CT 扫描技术从纳米、微米和宏观三个尺度研究了煤中孔裂隙的几何特征，引入形状因子将孔裂隙形状分为球形、管状、狭缝、狭缝孔隙和扁平裂缝五种类型；Saif 等[208]采用 X 射线断层扫描对油页岩热解过程中的微裂缝动态演化过程进行了分析，指出伴随温度的升高固体有机物逐渐分解，孔隙空间逐渐增长并聚结形成了连通的裂隙网络；赵建鹏等[209]基于 CT 扫描图像建立了砂岩三维数字岩心，对岩样的粒度分布和孔隙结构进行了可视化精细表征，指出不同物性储层的孔隙连通性与孔隙结构存在较大差异；Wang 等[210]联合使用 CT 扫描重建、核磁共振 NMR 和磁共振成像 MRI 技术，研究了煤样的孔隙大小分布、连通性和渗流特征。

关于破裂煤岩体宏观裂缝表征及其连通性方面，Zhang 等[211]采用孔隙网络模型分析了裂缝的空间分布和连通性，指出破裂后样品的等效孔喉数量和大小明显提高，相对较大的贯穿裂缝对煤的渗透性起到决定性的作用；王登科等[212]运用工业 CT 对破坏后煤样中的裂隙发育形态进行了定量表征，发现最终形成的贯通剪切裂缝明显提高了试件的连通性；钟江城等[213]基于单轴压缩实时 CT 扫描实验研究了煤体破裂过程的损伤演化规律，建立了能够反映固体基质分布的非均质煤样三维几何模型；Zhang 等[214]分别对三种开采方式下的煤样开展了 CT 扫描试验，定量分析了煤体内微裂纹的大小和空间分布特征，发现裂隙网络中裂缝分布呈现出各向异性；Xie 等[215]通过工业 CT 对破裂后煤体的裂隙网络进行了定量分析，定义了描述裂缝网络复杂度的指标，发现随着复杂度的增加裂隙煤样的渗透率呈现幂函数增长；Wang 等[216]利用研制的三轴原位压力机和工业 CT 扫描仪对煤样进行了单轴和三轴压缩下实时扫描试验，指出破坏过程中裂缝体积、裂隙率、裂缝密度和连通性经历了一个缓慢下降、缓慢增加和急剧增长的阶段。

学者们对煤岩体微观渗流特性开展了研究。Espinoza 等[217]通过 CT 断层扫描对含天然裂缝和次生裂缝的煤岩体进行了表征，指出裂隙煤的解吸时间比完整煤基质的快两个数量级以上；Gerami 等[218]基于 X 射线断层扫描图像获得了煤体的裂隙结构特征，研究了煤裂隙结构与水气相对渗透率之间的关系；Jing 等[219-223]采用 X 射线显微断层扫描技术获取了非均质裂隙煤体内部的微观结构，包括煤基质、矿物成分和割理结构，并对割理结构的方向、长度和厚度等几何特征进行了统计分析；Ni 等[224]基于 CT 扫描技术，利用 COMSOL 软件对煤层气在大孔隙中的流动过程进行了模拟研究；Sun 等[225]使用 CT 扫描技术获得了 5 个碳酸岩样品的图像，计算了 3 个方向的孔隙率，发现碳酸岩样品具有很强的非均质性和明显的渗透率各向异性；Mostaghimi 等[226]指出 CT 图像技术可以对煤中的割理结构进行表征，基于此开展的微观渗流试验可以进一步提高对流体在孔裂隙尺度中运移的理解；Bai 等[227]提出了一种多尺度数字岩心技术表征孔隙的几何形状和连通性，指出微孔隙形成的渗流路径控制流体在孔道中的流动；Ramandi 等[228]利用高分辨率扫描电子显微镜对 CT 图像进行了校准，通过连通性和量化孔径分布精确计算裂隙岩石的渗透率；Rabbani 等[229]通过计算机量化了孔裂隙的形态特征，研究了油页岩热解过程中孔径、喉道尺寸、晶粒尺寸、比表面积等形态参数的变化；Jing 等[230]通过从 CT 扫描图像中提取裂缝信息，将煤体中的割理网络与粗糙度相结合，建立了具有粗糙壁的离散网络模型；Song 等[231]通过采用结构化的六面体单元来替代显微 CT 图像中的体素，重建了多孔介质的微观结构，结构化网格模型表征的孔隙空间和基质网格更加精确；Liu 等[232]对鄂尔多斯盆地致密砂岩开展了断层扫描试验，提出了一种多尺度数字岩心技术流程来表征孔隙几何特征和连通性，指出黏土矿物中的微孔形成了主要的渗流路径；王刚等[233]指出孔裂隙结构的非均质性导致流场速度分布不均，与孔隙相比流体在裂缝中出现了明显的超前流动现象；程志林等[234]对不同岩石的微观结构特征进行了分析，研究了孔隙微观结构特征对岩石力学性能的影响，指出岩石的变形与孔隙度、孔径大小及孔隙形态相关；Islam 等[235]开发了一种程序来确定岩石内部结构和流动特征，测定了白云岩和盐岩两种样品的渗透率；Yang 等[236]开发了一种新的孔隙网络模型来研究不同有机质含量对油页岩渗透率的影响，指出渗透率的大小主要取决于有机物和无机物中的滑移和吸附条件；Lv 等[237]获得了能够反映裂缝性储层特性的 3D 数字岩心模型，将离散裂缝网络添加到现有的数字岩心模型中，通过模拟表明裂隙岩石渗透率随孔径增大呈现指数增加；杨峰等[238]基于 CT 扫描技术重建了致密砂岩的微观模型，并通过流体计算软件 COMSOL 直观展示了流体在其中的微观渗流特征；Wang 等[239]研究了多尺度条件下煤基质变形和输运的关系，指出渗透率随煤基质变形的增加呈现先增加后减小的变化趋势；王登科等[240-241]利用工业 CT 扫描和三维重建技术获得了裂隙煤岩体的几何模型，采用格子 Boltzmann 算法对流体在其中的渗流进行了模拟分析，结果表明在纵向贯通裂缝中形成了明显的高速渗流区；Li 等[242]研究开发了一种结合数字岩心 CT 扫描和微观渗流模拟的方法，用来表征含裂缝致密砂岩的微观渗流特征；Shi 等[243]采用纳米断层扫描 Nano-CT 对低阶烟煤的微裂缝结构进行了 3D 表征，并利用 Avizo 软件对单相流体在微裂缝网络中的渗流进行了模拟，结果表明孔裂隙结构具有明显的异质性，微裂缝对渗流具有很强的控制作用；Fan 等[244]基于微观 CT 扫描所建立的 3D 微观孔隙结构，模拟分析了瓦斯在其中流动过程中孔隙压力、渗流速度和流动路径的变化，发现在相同压力梯度下 3 个方向的孔隙压力、渗流速度和路径明显不同，表明孔隙结构具有高度的非均质性；Wang 等[245]基于三维重建计算机层析成像技术建立了不同孔隙大小和连通性的结构模型，使用 N-S 方程模拟了动态渗流过程，指出孔隙大小的变化不仅影响孔隙中的渗流特征，而且影响裂缝中的稳定渗流速度；Zhu 等[246]从分割后的三维数字煤心中提取了孔隙网络，识别出了由有机质孔隙控制的流体运移通道，指出气体滑脱和地层初始压力是影响煤基甲烷渗透的主要因素。

由以上研究可以看出，数字岩心技术可以对储层中裂隙煤体的孔裂隙结构进行表征，其中孔径分布、孔喉特征及连通性等都会对流体的运移产生一定的影响。由于透视精度与试件大小相关，前人在不同尺度上研究了储层的孔裂隙特征，研究对象多数为尺寸较小的完整煤岩体，缺乏对含有宏观裂缝的原生裂隙煤体的分析。根据采空区储存空间中裂隙煤岩体中瓦斯逸出这一现象，对具有宏观裂缝煤体的孔裂隙结构及其渗流特性进行分析，可以为探究采空区卸压裂隙煤体内瓦斯的涌出及抽采过程中瓦斯的流动提供一定的指导。

1.2.5 采空区裂隙网络及其渗流特性研究

在长期地质作用下，废弃矿井采空区裂隙带由断裂块体和采动裂隙组成，与岩体块体相比较而言裂隙的渗流能力明显提高，它们是各种流体流动的主要通道，可以说裂隙岩体的渗流特性和能力的大小主要是由裂隙的分布决定的。因此，探究采空区内采动裂隙网络的几何分布特征及其渗流特性，对于废弃矿井采空区的综合治理与利用具有重要的意义。

废弃矿井采空区内的裂隙网络是一个十分复杂的体系，普遍存在大量纵横交错的采动裂隙，其中不同位置处裂隙的扩展方向、张开度和连通程度等存在差异。宋颜金等[247]指出裂隙带内裂隙数量呈现为两侧较多、中部较少的空间分布，在采动影响区空隙率曲线沿走向呈现马鞍状；高明忠等[248]分析了工作面前方裂隙网络演化特征，指出随工作面推进纵向连通率变化分为线性缓慢增长、指数增长和平稳三个阶段；王少锋等[249]发现裂隙带主要由破断裂隙场和离层裂隙场组成；尹光志等[250]统计分析了各切面的裂缝数量、形态及分布特征；孙学阳等[251]指出煤层开采后覆岩产生不协调的弯曲下沉，从而产生层间离层裂缝，水在离层裂缝中间逐渐积累汇聚；Wang 等[252]指出沿煤层走向覆岩纵向空隙率呈现 M 形分布，扰动覆岩裂隙带呈现拱形分布，裂隙密度由拱足向顶部逐渐减小；李春元等[253]指出采空区基本顶荷载作用时间越长，顶板来压时裂隙发育的贯通性越好；马海峰等[254]指出叠加开采加剧了裂隙的演化，穿层破断裂隙呈现台阶式向上延伸增长，与离层裂缝形成了纵横交错的流动通道；余明高等[255]指出煤层回采完毕后覆岩垮落高度呈“中间大、两侧小”的特征，裂隙发育呈现 U 形分布，同一高度覆岩两侧孔隙率变化大于中部孔隙率变化；梁涛等[256]研究了覆岩垮落及裂隙演化规律，指出采动裂隙在水平方向类似 W 形分布，渗透系数呈现中间较低两端较高的分布；高明涛等[257]分析了采场覆岩纵向运动破裂规律，指出随着综采工作面的推进，覆岩结构形态由扁平的枕形向拱形转化；李建伟等[258]研究了浅埋厚煤层开采过程中采动裂隙的时空演化规律，指出采动裂隙具有明显的分区特征；侯恩科等[259]分析了过沟开采时覆岩扰动破坏规律和裂隙发育特征，指出裂隙带存在层间离层与切穿岩层的垂向裂缝；杨科等[260]指出关键层对于纵向裂隙的扩展和瓦斯的涌出起到控制作用，采动裂隙随关键层破断呈现“跳跃式”向上扩展，裂隙分布整体呈现梯形状；魏宗勇等[261]通过开展覆岩裂隙演化三维相似模拟试验，指出采动裂隙呈现为“椭抛体”状的三维形态，裂隙密度在走向和倾向方向上呈现“双驼峰”状分布；赵毅鑫等[262]以上湾煤矿为例，分析了超大采高工作面覆岩裂隙演化规律，根据不同位置处裂隙的发育形态将采场覆岩划分为 6 个区域，其中垮落区裂隙形态复杂，呈现不同的角度，具有较好的贯通性。

众学者进一步对存在多个裂隙及裂隙网络的渗流进行了分析。Zhao 等[263]使用离散元方法研究了裂缝面粗糙度对复杂裂缝网络中宏观流体流动的影响，指出裂缝网络的连通性主要由裂缝位置、方向和长度决定；Huang 等[264]开发了三维离散裂隙网络模型来模拟裂隙岩体的渗流，指出渗透率随着长度分布的增加呈现指数型下降，裂缝表面越粗糙孔径分布的各向异性越强；Liu 等[265]对离散裂缝网络中渗流由线性状态到非线性状态的过渡行为开展了数值模拟研究，系统地研究了孔径、粗糙度和裂缝交叉点数目对临界水力梯度的影响；Zou 等[266]根据真实岩石表面扫描数据建立了包含正交粗糙裂缝模型，通过求解 N-S 方程模拟了流体在相交裂缝系统中的溶质输运过程，发现在交汇处出现了明显的混合窜流现象；陈家瑞等[267]指出裂隙角度与溃沙速率呈现对数关系，裂隙开度与速度符合指数关系；黄帆等[268]提出了考虑裂隙迹长长度和开度的随机裂隙网络算法，并对离散裂隙网络进行了渗流模拟，指出优势渗流主要由开度较大的贯通裂隙所控制；苏政睿等[269]根据井下煤壁 X 形真实裂隙模拟了瓦斯在其中流动的特征，分析了交叉裂隙内瓦斯流动的速度和压力分布，指出裂隙通道内渗流速度与裂隙尺度呈单调递减对数函数关系；毋振华等[270]运用人工神经网络遗传算法探究了交叉裂隙几何参数与非线性渗流系数之间的关系；Xie 等[271]基于 3D 打印技术构建了不同粗糙度的二维交叉裂缝模型，开展了不同水头比下的交叉裂缝的流体流动试验，指出交叉断裂分支之间的粗糙度差异是控制竞争分流现象的重要因素；Yang 等[272]研究了矿井突水通道的萌生、扩展和演化过程，发现当主裂隙发育到基底超压区时，水沿着主裂隙运移底板发生隆起；张俊等[273]分析了二维裂隙网络渗透特性与分形维数之间的关系，结果表明裂隙网络不同区域的迹长和密度与分形维数之间具有一定的正相关性；Zhang 等[274]

采用颗粒流软件PFC模拟了采空区裂隙演化规律，发现在裂隙带内形成了多条弯曲的瓦斯运移通道。

在采空区瓦斯抽采方面，Guo等[122]在对采空区覆岩移动、应力场和裂隙场分析的基础上，采用CFD程序对采空区瓦斯流动进行了模拟，指出在采空区两侧形成高渗区，可通过沿三维环形裂隙带上方布置抽采钻井以实现最佳效果；李日富[275]分析了地面钻井不同抽采负压条件下采空区内部瓦斯浓度分布情况；胡胜勇等[276]利用多元气体富集试验装置对采空区瓦斯富集机制开展了研究，指出由于瓦斯和空气的密度差异所产生的浮力使采空区内瓦斯向顶部运移；范超军等[277]分析了地应力、渗透率、储层压力和温度等参数对瓦斯抽采产气的影响，指出抽采井附近逐渐形成压降漏斗；马波等[278]开展了三维应力状态下瓦斯抽采物理模拟试验，指出抽采断面上等压线呈圆环状分布，层面上呈现漏斗形向抽采孔汇聚；Cao等[126]联合采用离散元软件UDEC和多物理场软件COMSOL研究了采动裂隙中瓦斯的运移，指出在裂隙带上端的离层带汇聚了大量瓦斯，在抽采过程中裂隙带瓦斯浓度下降速度较快；林海飞等[279]结合采动裂隙动态演化规律分析了卸压瓦斯抽采原理，指出将瓦斯抽采钻孔布置于“采动裂隙圆矩梯台带”内具有良好的抽采效果；徐玉胜等[280]指出在煤壁与采空区交界处上方的高位断裂带内贯通裂隙比较发育，形成了优势瓦斯通道；赵鹏翔等[281]构建了椭抛带采动卸压瓦斯优势通道空间形态模型，发现优势通道左右边界离层量发生明显突变，随着采高的增加优势通道的高度和宽度不断增大；郭晓阳等[282]提出了多分支水平井叶脉仿生瓦斯抽采技术，指出非对称的水平分支井抽采效果更佳；胡秋嘉等[283]指出煤层气产出通道由小到大依次为基质孔隙、微观裂隙、宏观裂隙和人工裂缝；李树刚等[284]指出卸压瓦斯运移通道在倾斜方向具有不对称性，沿冒落带轮廓线布置高位导流抽采钻孔具有良好的抽采效果；Zhang等[285]指出应力壳下卸压区内裂隙较为发育，当裂缝贯通关键层延伸至封闭的含水层后发生突水，在垂直方向上渗流场可分为起始区、加速区、减速区和排水区四个部分；桑树勋等[286]提出了应力释放构造煤层气开发的理论与关键技术，卸压煤层会产生大量的连通孔裂隙，形成瓦斯到气井井筒的渗流通道。

由以上分析可以看出，裂隙网络是采空区覆岩裂隙带重要的组成部分，它既是覆岩破裂演化发展的主要结果，又是流体在其中运移的主要通道，宏观裂隙网络的形态特征及其导通性会直接影响流体的运移。而目前关于采空区裂隙网络及其渗流方面的研究定性分析较多，主要集中在宏观裂隙分区特征方面，缺乏更加深入细致的研究，需要进一步对采空区裂隙网络中的导流通道进行提取，在此基础上结合水、气赋存的现场实际，分析水、气在大尺度裂隙网络中对流的过程，这可为废弃矿井采空区瓦斯抽采时钻井的设计提供一定的指导。

1.3 研究内容及技术路线

1.3.1 研究内容

本书围绕“废弃矿井采空区覆岩裂隙导通机理及水气两相渗流特性”这一研究课题，从采空区覆岩破断力学机制及裂隙煤岩体渗流特性两个方面出发，通过理论分析、岩石力学试验、数值模拟相结合的手段开展了系统的研究。首先从煤岩体试件的破裂和岩层块体的断裂两个角度探究了采空区覆岩破裂力学机制，然后分别对采空区上方原生裂隙砂岩和采空区下方原生裂隙煤体的渗流特性开展了研究，最后针对采空区中瓦斯上浮和离层水下渗的现象，通过数值模拟探究了采空区裂隙网络内水气两相渗流特性。具体研究内容如下：

(1) 单轴压缩条件下煤岩体力学性质及其变形破裂演化规律。开展单轴压缩试验，对标准煤岩体试件的力学性能进行了测试，根据应力-应变曲线特征，获得了煤岩体的单轴抗压强度、弹性模量、泊松比等基本力学参数；同时联合采用声发射(AE)监测系统和数字散斑全场应变测量分析系统(DIC)对煤岩体破坏过程进行了实时监测，分析了破裂过程中试件内部声发射响应特征及表面数字散斑全场应变规律，并根据试验现象对比分析了煤岩体的承载力学机制和破裂机理，在探究煤岩体破裂规律的同时也为后续覆岩破断的研究提供了基础。

(2) 覆岩破断力学机制及裂隙通道形态特征。基于岩层控制中的关键层理论，以单位宽度的“砌体梁”岩层结构为研究对象，同时考虑铰接点处的水平推力和竖向剪切力作用，建立了线性增压荷载悬臂梁模型。从弹塑性力学的角度研究了铰接岩块破断的力学机制，采用应力逆解法推导了内应力分量解析式，并以莫尔-库仑剪切屈服破坏准则为依据获得了破裂迹线方程。破裂迹线的形态与实际开采条件及岩层物理力学参数相关，分析了岩石黏聚力和内摩擦角对其形态的影响，并结合回转角度分析了四种不同块度岩块破断裂隙的张开度特征，对比分析了张开度沿破裂线的变化趋势。

(3) 三轴加卸载作用下原生裂隙砂岩渗流特性试验。采用多场耦合试验压力机对原生裂隙砂岩开展了水力耦合渗流试验，采集了不同围压及不同渗透压梯度下的试验数据，分析了加卸载路径下渗流流量随围压及渗透压变化的渗流规律；采用激光扫描仪对裂隙面的三维形貌进行了定量表征，分析了原生裂隙面的起伏高度、标准偏差、粗糙度系数等几何特征，在此基础上采用数值模拟方法将扫描数据导入 COMSOL 软件，对流体沿裂隙面渗流过程中速度场、压力场分布特征及优势渗流路径进行了模拟分析。

(4) 原生裂隙煤体孔隙结构特征及微细观渗流特性。以原生裂隙煤体为研究对象,运用高分辨率三维显微CT成像系统对其进行了扫描试验,通过数字岩心技术对样品孔裂隙结构进行了三维重建,采用阈值分割方法对原生裂隙煤体的孔隙、裂缝、骨架结构及连通性等进行了表征,选取包含宏观裂缝的表征单元体REV建立了孔隙网络等效模型,并借助可视化软件内置算法对其进行了渗流模拟分析,从微细观的尺度揭示了裂隙煤体内流体的输运规律。

(5) 采空区裂隙网络水气两相渗流特征。针对废弃矿井采空区中瓦斯上浮和离层水下渗的现象,通过数值模拟探究了裂隙网络内水气两相渗流特性。在对裂隙带内贯通裂缝和离层裂缝等形态参数进行统计分析的基础上,提取并构建了采空区变开度裂隙网络模型,将其导入Fluent流体计算仿真软件中,采用两相流VOF方法研究了裂隙网络内水向下运移、瓦斯向上运移的流动过程,根据不同时刻相场变化和渗流速度分布特征反映水气两相在裂隙网络中的渗流特性。

1.3.2 技术路线

基于以上研究内容,本书的技术路线如图1-2所示。

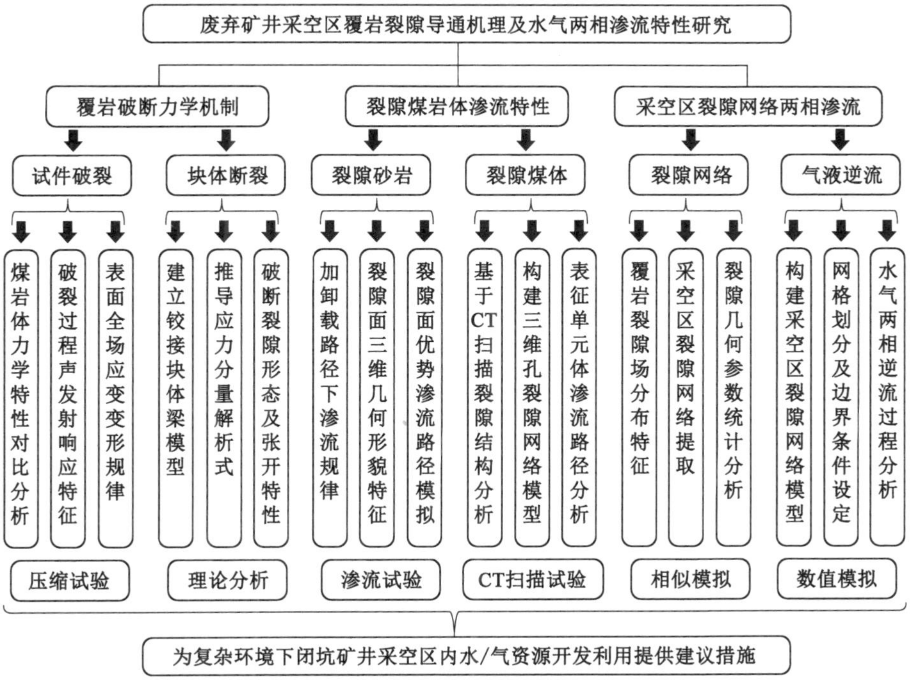

图1-2 技术路线图

第 2 章　单轴压缩条件下煤岩体力学特性及破裂演化规律

煤岩体力学特性及破裂规律这一传统课题一直是地下工程中研究的热点，特别是近年来我国地下空间工程的开发与利用，将煤岩体力学特性的研究又推向了新的高度。在采矿活动中煤岩体力学特性往往是开展进一步研究的基础，冲击地压、瓦斯渗流及矿井突水等灾害现象均与煤岩体的力学特性相关，其中岩石的力学强度会直接影响覆岩顶板的破裂步距，而煤岩体中的孔裂隙不仅是流体的储集空间，也是流体运移的通道。此外，本书所研究的覆岩顶板的破断机理及开展的原生裂隙的渗流试验均需要以煤岩力学参数作为依据。因此，本章在进一步研究煤岩体力学特性及其破裂规律的同时也为下文研究提供基础。

煤岩体的损伤破坏与所处的应力环境密切相关，不同应力状态下所呈现的力学性质不同，从宏观方面讲岩体的破裂包括内部裂纹的形成与贯通。此外，在煤岩体破裂的过程中往往还伴随一系列的声发射现象，而微裂纹活动也必然涉及能量问题，其中裂纹的产生与扩展过程中包含应变能的积聚与释放。为了进一步监测及表征煤岩体的破裂演化规律，本章通过单轴压缩试验探究了煤岩体的力学性能和破裂演化特征，结合声发射技术、DIC 数字散斑技术等手段对试件破裂过程进行了监测，并根据试验现象从理论方面分析了煤岩体的承载力学机制和破裂机理。

2.1　试验试件及设备

2.1.1　试件制作

单轴压缩试验所用的试件包括煤和岩石两种类型，根据岩性分为两组，每组由 4 个试件构成，符合相关试验要求中 3～5 个试件的规定[287]。同时，为了便于试验记录和数据处理，按照类型对其进行编号，其中 M 代表煤样、R 代表岩样，如图 2-1 所示。所有的煤、岩试件均按照国际岩石力学学会(ISRM)推荐的标准[288]，加工制作成直径为 50 mm、高度为 100 mm 的标准圆柱体，高径比为

2∶1,每个试件上下端面的不平整度小于 0.01 mm,端面对于轴线垂直度偏差不超过 0.25°。接下来对每种类型试件的制作过程进行介绍。

在制作试件的过程中,为了尽可能地减小试验的误差,所有的试验样品均取自同一层位的大块煤岩体。挑选体积较大、整体性较好、表面无明显裂纹的大块,如图 2-1 中所示。在运输过程中采用塑料薄膜将其包裹,尽量减少损伤。煤、岩试件是在实验室内对取自井下的大块煤和砂岩进行钻心、切割、打磨制作而成,使用钻机沿同一方向钻取以保证节理的一致性。采用 DJ2230 型立式钻机钻取大块煤岩体,其钻头为定制的金刚石薄壁钻头,取心时采用专用夹具固定好整块试件,并在钻取试件的过程中采用自来水循环对钻头进行降温冷却,然后将取好的试件用切割机切除长度多余的部分,接着利用双端面磨平机将端部打磨平整,最后使用游标卡尺对试件进行筛选,将满足标准的试件用于单轴压缩试验。

(a) 煤样

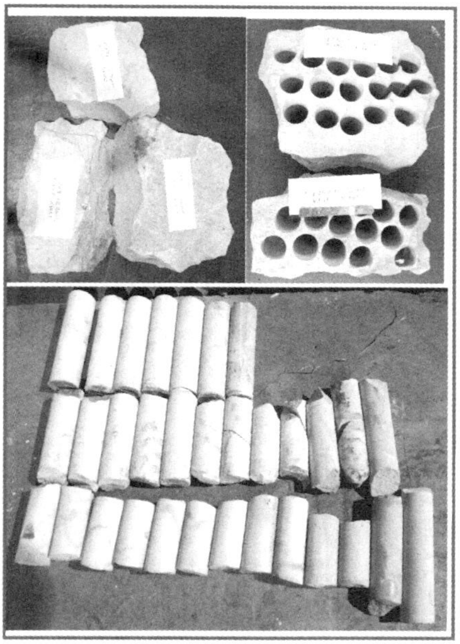

(b) 岩样

图 2-1　试件制作过程

2.1.2　试验设备

单轴压缩试验所用到的设备如图 2-2 所示,主要由 WAW-1000 型微机控制电液伺服压力加载系统、PCI-2 型声发射监测系统和 XTDIC 型三维全场应变测量系统组成，它们根据自身所具有的功能特点，在试验过程中分别起到不同的作用。伺服压力机主要提供轴向荷载，对试件进行加载；声发射监测系统监测试件破坏过程中的声发射信号，用于分析单轴压缩过程中试件内部的能量释放和破裂演化规律；同时为了直观反映试件表面的破裂演化，采用三维全场应变测量系统对试件表面的破裂扩展过程进行实时追踪，得到单轴压缩过程中试件表面的全场应变及破裂演化过程。值得说明的是，在试验的过程中要确保三台试验设备同步开启，以便于后期数据处理时通过时间将三者进行结合分析。

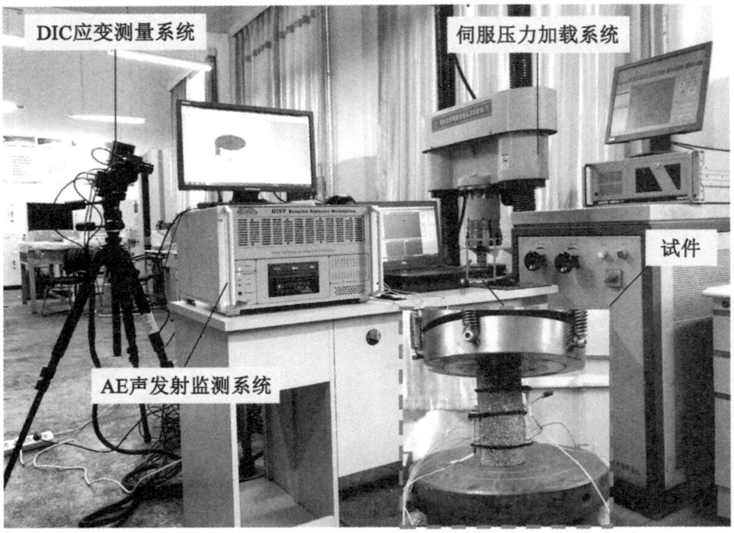

图 2-2　单轴压缩试验设备

2.1.2.1　微机控制电液伺服压力加载系统

该系统可以实现全数字式闭环伺服控制，其最大承载力为 1 000 kN，位移测量分辨率可达 0.002 mm。其加载框架具有足够的强度和刚度来完成煤岩压缩试验，加载方式包括位移控制和力控制两种模式。本次试验将试件放置在压头正中央，采用 0.002 mm/s 的位移加载方式进行加载，直至试件破坏。

2.1.2.2　声发射监测系统

采用美国物理声学(PAC)公司生产的 16 通道声发射系统进行监测，通过线缆将探头、放大器和采集器连接起来，门槛值设置为 45 dB，采样率为 1 MSPS。为了对试件内部破裂点进行定位，将 8 个 Nano30 探头(带宽 125～750 kHz，谐振频率 140 kHz)安装在试件周围，在探头表面和试件接触面涂抹白凡士林来增强耦合效果，并用松紧带将其箍住，以与试件贴合。

2.1.2.3　全场应变测量系统

采用西安新拓三维光测科技有限公司生产的数字散斑DIC测量系统。它由高速相机、图像采集卡和计算分析软件构成，其中双摄像头采用德国Basler公司的1 200万像素工业相机，采集帧频设置为75 fps，采样间隔时间设置为1 000 ms。首先在试件表面喷射黑白相间的数字散斑用于识别跟踪，待散斑晾干后将试件放置到压头中央固定，测试前使用标定板对初始坐标进行标定，试验时使用相机进行图像捕捉，最后通过图像处理计算软件对试件三维坐标、位移场及应变场进行分析。

2.1.3　试验流程

(1) 试件准备及安装：将满足尺寸要求的试件准备好，首先在其表面喷射黑白相间的散斑，待散斑晾干成型后将其放置在压力机底座中央，使其散斑面朝向镜头方向。同时，为了减小端部效应，在试件上下端面涂抹凡士林，并启动压力机，升高底座，使试件接触上压板，并施加0.5 kN的预荷载，一方面对试件进行固定，另一方面方便后续监测设备的安装与调试。

(2) AE声发射监测设备安装与调试：连接声发射监测系统，将8个声发射探头布置在试件相对应的位置上，开启AE声发射监测软件并设置相关的参数，调用波形图、参数表、定位图等，进行声学材料矩阵测试，查看线路的连通性及探头是否正常，设置最大线性距离及波速值，进行3～5次断铅试验，查看定位精度。

(3) DIC全场应变测量系统安装与调试：将三脚架架设在距离试件1.5 m左右的位置，并使相机镜头与试件散斑面保持在同一水平，使两个摄像头与试件散斑区域垂直照射，打开光照灯调节亮度，启动DIC软件设置相关参数，选定观测区域，使用标定板对散斑初始坐标进行标定，设置完毕后等待开始试验。

(4) 开始试验：确保压力机、声发射监测系统和DIC全场应变测量系统3台设备同时开始触发记录。压力机采用0.002 mm/s的位移加载方式对试件进行加载，直至试件破坏；AE声发射监测系统对试件破裂过程中的波形信息、定位事件、撞击数和能量释放等进行采集；DIC全场应变测量系统对试件表面标记点及选定区域的变形场、应变场等坐标信息进行实时记录。

(5) 按照试件分组及编号依次进行试验，分别记录试件变形破坏过程中的应力-应变曲线、声发射波形、撞击数、能量释放及破裂定位演化、试件表面应变及初始开裂和裂纹扩展情况，试验完成后分别保存相对应的试验数据，直至所有试验完成，整理试验设备。

2.2 单轴抗压强度及破坏特征

岩石作为一种典型的非均匀介质,其变形破坏特征呈现明显的非线性行为,为了更好地服务工程实践,一般通过试验来全面深入认识和理解岩石的变形规律及破坏特征,同时获取岩石抗压强度、弹性模量和泊松比等重要的力学参数,这对于深入了解和认知岩石变形破坏过程具有重要的意义。

根据上节的试验流程分别对煤和砂岩开展单轴压缩试验,本节主要对单轴压缩试验的结果进行分析,从应力-应变曲线特征、单轴抗压强度及破坏模式三个方面来对比分析煤与岩石的变形破坏特征。

2.2.1 应力-应变曲线特征

煤试件在单轴压缩下的应力-应变曲线如图 2-3 所示。由图可见,其变形破坏过程具有明显的阶段性,可分为非线性压实、线弹性变形、峰前塑性变形和峰后应变软化阶段四个阶段。其中初始阶段为非线性压实阶段,范围在荷载开始到 a 点之间,煤的内部孔隙和微裂缝结构高度发展,导致这一阶段呈现明显的非线性,且持续时间较长,在这一阶段结束时原有的缺陷结构已经闭合;第二阶段为线弹性变形阶段(从 a 到 b),该阶段应力随着应变的增加呈现线性增长,同时弹性能在该阶段逐渐积累,且该阶段所占整个曲线的比例较大;第三阶段为峰前塑性变形阶段,在曲线 b 点至峰值应力点 c 之间,由于此阶段曲线出现波动且持续时间较短,所以个别试件难以区分,在此阶段裂纹开始逐步传播;当应力到达峰值点 c 后进入应变软化阶段,在该阶段随着应变的增加应力突然减小,前期积累的弹性能突然释放,呈现明显的脆性失效行为,且破坏后的试件几乎没有残余强度。

单轴压缩作用下砂岩试件的应力-应变曲线如图 2-4 所示。由图可见,根据曲线斜率的变化,可以将变形破坏过程也分为四个阶段,其中压实阶段、线弹性阶段和塑性变形阶段发生在峰值之前。从加载开始到 a 点区间为压实阶段,此阶段内应力-应变曲线呈现上凹的形状,这主要是试件内部微裂缝和孔隙的闭合所致。第二个阶段是 a 点到 b 点的线弹性阶段,在该阶段内应变随着应力的增加而呈现线性增加,表现出明显的线弹性行为,其中弹性模量 E 可以根据 50%峰值应力时的直线斜率得到,在到达峰值点之前,试件内所积累的总能量的大部分转化为岩石的弹性能,如果在该阶段对应力进行卸载,试件变形量将会随着弹性能的逐渐释放而恢复。第三阶段是塑性变形阶段,从线弹性阶段末尾 b 到峰值应力点 c,此时的应力-应变曲线呈现明显的台阶形

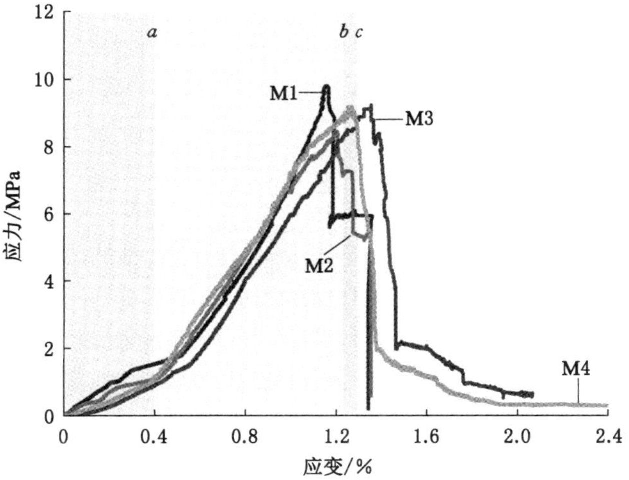

图 2-3　煤体试件应力-应变曲线图

状，说明呈现渐进破坏，这说明微裂缝开始稳定地向大裂缝扩展，在该阶段内试件体积出现膨胀，这一阶段的变形对于内部结构的改变是不可逆的，在塑性变形结束时强度达到峰值，接下来进入峰后变形阶段。砂岩峰后变形阶段为应力骤降段(从 c 点到区间最后范围内)，随着应变的增大应力迅速减小，该阶段伴随宏观裂缝的逐渐扩展试件的承载力迅速下降，由于突然发生破坏没有捕捉到残余应力。

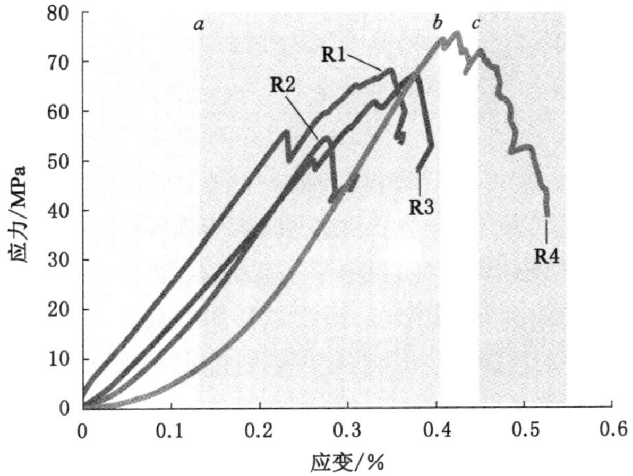

图 2-4　砂岩试件应力-应变曲线图

另外，通过与煤样进行对比，可以明显地看出砂岩的应力-应变曲线与煤的存在明显的不同，砂岩在峰值附近变形阶段所占的比例明显大于煤样，且煤体存在明显的峰后变形行为和残余应力，产生这种现象与煤和岩石自身在组成成分及孔裂隙结构之间的差异有关。

2.2.2 单轴抗压强度

根据上述应力-应变曲线计算得到煤岩力学参数，如表 2-1 所示，其中：E 代表弹性模量，由应力-应变曲线在线弹性阶段的斜率得到；μ 为泊松比，即轴向应变与径向应变之比；σ_p 代表峰值应力，即最大承载力与横截面积之比；σ_r 为残余应力，代表试件破坏后的承载能力；ε_p 代表峰值应变；ε_r 代表残余应变。通常用峰值应力和残余应力这两个指标来综合反映试件的强度特性和承载能力。

表 2-1　煤岩力学参数表

类型	编号	弹性模量 E/GPa	泊松比 μ	峰值应力 σ_p/MPa	峰值应变 ε_p	残余应力 σ_r/MPa	残余应变 ε_r
煤体	M1	10.85	0.31	9.80	1.16	0.16	1.34
	M2	10.15	0.26	8.61	1.41	0.36	1.56
	M3	9.75	0.27	6.43	1.10	0.58	1.81
	M4	10.25	0.28	8.28	1.22	0.37	1.57
砂岩	R1	27.84	0.12	67.49	0.35		
	R2	20.52	0.19	53.80	0.28		
	R3	19.18	0.15	65.88	0.38		
	R4	28.18	0.13	74.85	0.43		

通过分析表 2-1 数据可以看出：煤和砂岩的平均弹性模量分别为 10.25 GPa 和 23.93 GPa，煤的强度要低于砂岩的强度；煤和砂岩的平均峰值应力分别为 8.28 MPa 和 65.51 MPa，可知砂岩的峰值应力明显高于煤体的，高 7 倍左右；煤体试件的平均残余应力为 0.37 MPa，砂岩试件的残余应力未检测到。在峰值荷载前后砂岩的应力-应变曲线呈现锯齿形变化，说明破坏过程中砂岩与煤存在不同。

2.2.3 破坏模式

将破坏后散落的煤岩体碎块进行拼合复原，同时为了观察它们的破坏模式，对较大的裂纹进行素描，通过对煤岩体破坏瞬间及破裂特征的分析可以推断出它们主要的失效模式。

由拼接后煤的破坏特征和素描图 2-5 可以看出，破坏后的煤样出现了几条明显的倾斜断裂面，表明其破坏形式是以剪切破坏为主，在压应力的作用下试件沿剪切面出现滑移破坏，其中：M1 试件出现两条明显的平行断裂面，呈现明显的双剪破坏特征；M2 试件上分布着一条贯穿上下端面的单一断裂面，呈现明显的单一剪切破坏特征；相比而言，M3 试件比较破碎，除中部分布一条明显的倾斜断裂面外，还分布着许多次生裂纹，呈现不规则的“X”形破坏模式；M4 试件存在两条明显的倾斜裂隙面，其中一条从试件右上角向左下角扩展，并在破裂过程中发生了明显的偏转，另一条从中部核区向右下角扩展，并且在中部出现了明显的成核现象，M4 呈现出明显的“Y”形破坏特征。另外，还可以看出煤体破坏后的碎片明显多于砂岩的，且与砂岩试件不同的是试验中出现突然破坏的现象，这与前面煤体应力-应变曲线峰后突然的下降吻合，表明当达到承载极限时积累的弹性能发生突然释放，同时破坏后试件的完整性较差，剪切滑移面几乎不能承受荷载，造成残余强度很低。

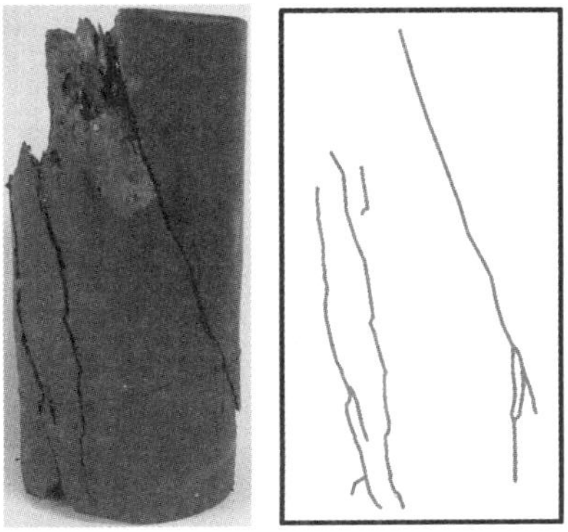

(a) M1

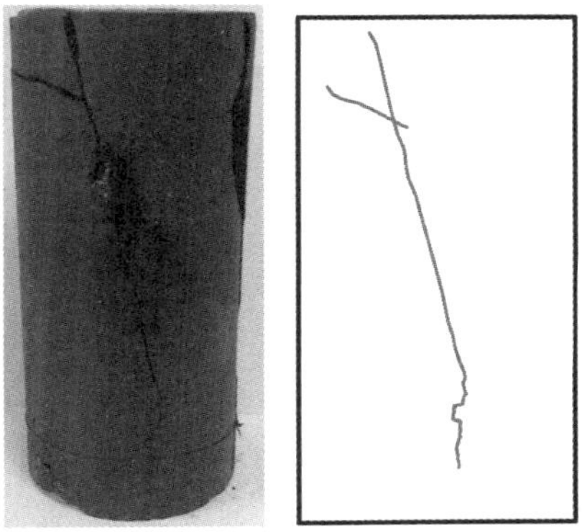

(b) M2

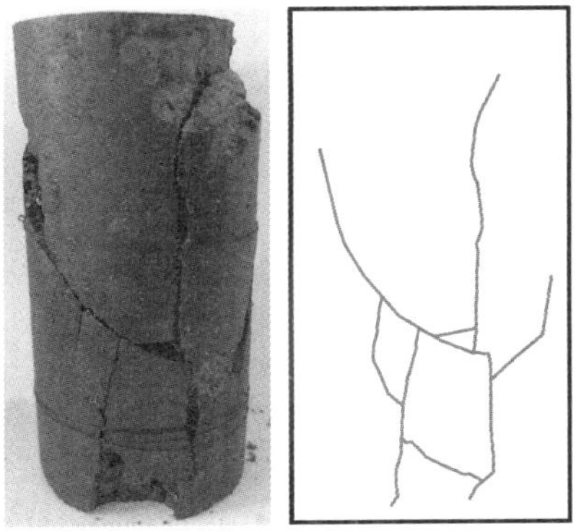

(c) M3

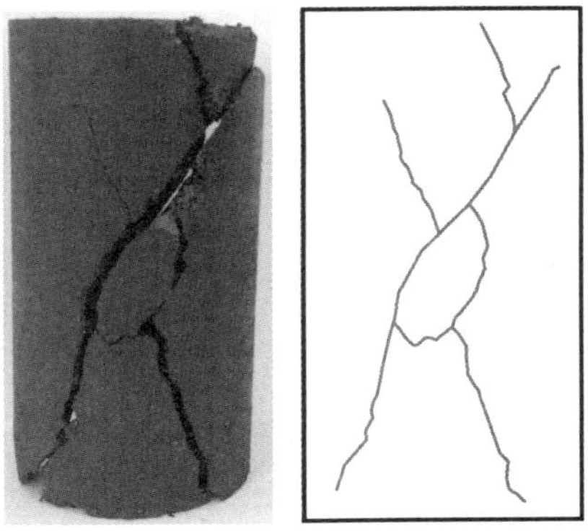

(d) M4

图 2-5　煤体破裂特征及其素描图

在单轴压缩的作用下，岩石内部微裂纹逐渐成核、扩张延伸，最终形成宏观裂缝，砂岩试件的破坏模式如图 2-6 所示，从整体上可以看出砂岩以剪切破坏和纵向劈裂破坏两种模式为主，破裂后的粒度较大。其中，R1 试件和 R3 试件呈现出明显的纵向贯通裂缝，破坏形式以张拉破坏为主，在纵向压应力作用下横向出现张拉应力，微裂纹沿纵向逐渐扩展传播，呈现出明显的纵向劈裂破坏特征；R2 试件的裂纹并不明显，从左上角向右下方逐渐扩展，但并没有贯穿整个试件，呈现出明显的剪切破坏模式；R4 试件存在明显的贯穿倾斜断裂面，呈现出明显的“Y”形破坏模式，与 R1 和 R3 试件对比可以看出该试件裂隙面更加不规则，从表面来看试件右侧出现剥落的碎片，在破坏的过程中可能存在渐进破坏的现象。

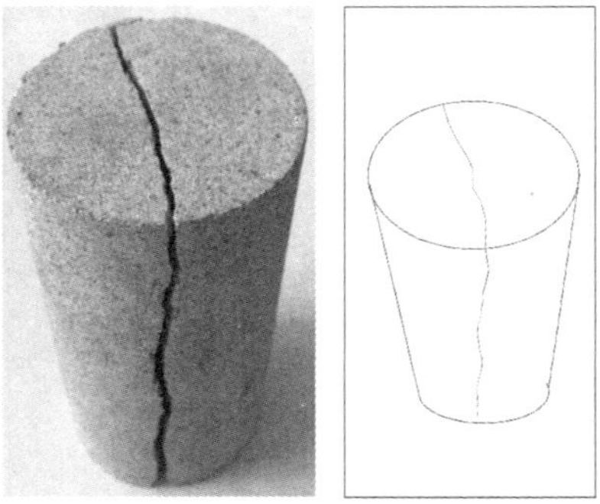

(a) R1

(b) R2

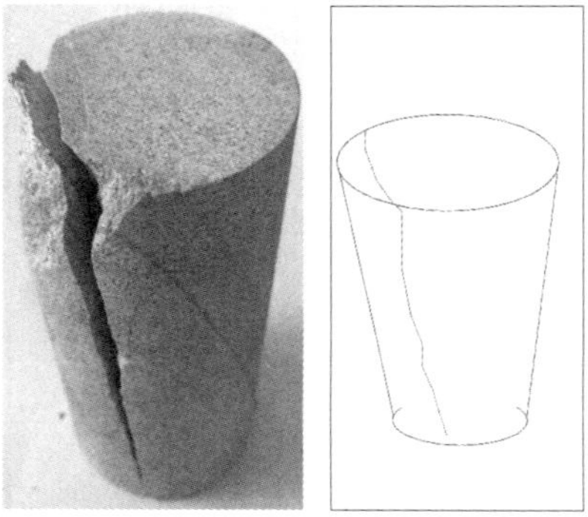

(c) R3

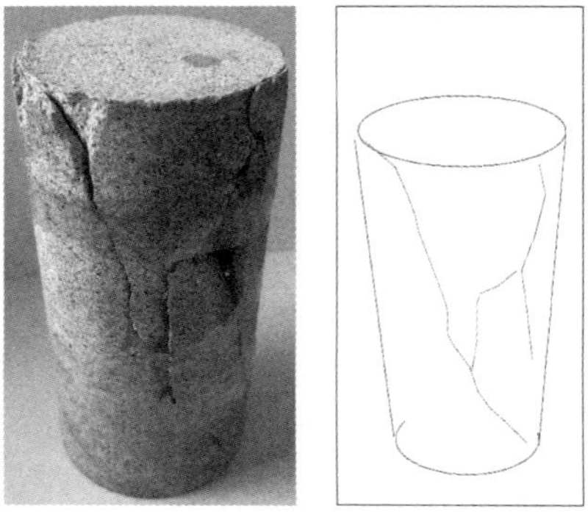

(d) R4

图 2-6　砂岩破裂特征及其素描图

在试验过程中砂岩试件破坏时并没有发出明显的响声，破坏后碎片四溅程度也远小于煤样的，试验后期没有出现突发性失效现象，与此同时试件破坏后的完整性较好，其中 R2 试件破损最不明显，试件没有裂开，R1 试件和 R3 试件仅出现了一条纵向主裂缝，R4 试件在出现破坏的同时伴随小块试件脱落。

2.3　煤岩破裂过程中的声发射响应特征

煤岩体的破裂是裂纹萌生、发展和贯通的过程，同时伴随着弹性能的积累和释放，通过使用声发射系统来监测试件破坏过程的能量释放和破裂点定位分布，对于进一步揭示煤岩体的破裂机制具有重要的作用。目前煤岩声发射特征的参数有很多，但是主要还是用声发射计数(累计计数)、声发射能量(累计能量)来分析煤岩体在单轴压缩过程中的声发射特征变化。本节从声发射计数、能量和事件率等方面对上文单轴压缩试验中的声发射特征进行分析。

2.3.1　破裂过程声发射能量分析

声发射能量及累计能量可以反映试件破坏过程中的能量释放过程。如图 2-7 所示为煤岩试件的声发射能量释放随加载过程的变化示意图，由图可以看出在初始加载压密阶段的声发射能量很少，随着荷载的增加进入线弹性阶段后，声发射能量释放相对较少，主要储存能量，同时声发射累计能量呈线性增加，当到达峰值，试件发生破裂的同时伴随着能量的释放，此时能量出现激增，峰后应力下降但能量明显大于峰前阶段，说明峰后试件仍会破裂并伴随能量的释放，当试件发生渐进破坏时能量阶段性释放。

通过对比分析可以看出，砂岩和煤的能量变化趋势相似，都是在初始压密和线弹性阶段声发射能量释放较少，且在峰值应力前分布均匀，累计能量基本都是随着应力的增加而增加，当应力增加到峰值应力附近时，煤和岩类试件的声发射能量达到最大值。其声发射特征规律可以归结为以下几点：

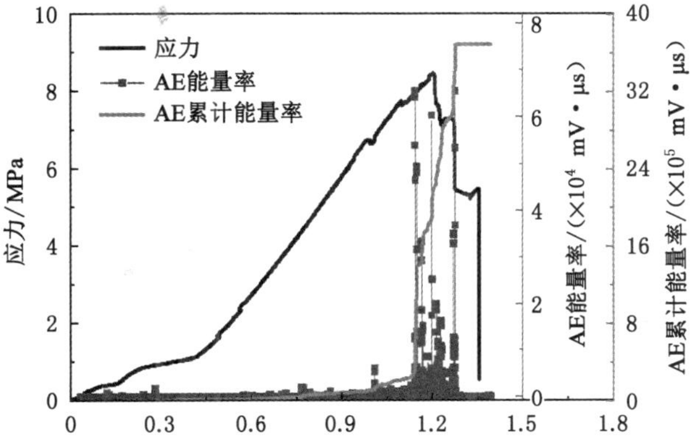

(a) M2

图 2-7　煤岩试件的声发射能量随加载过程的变化示意图

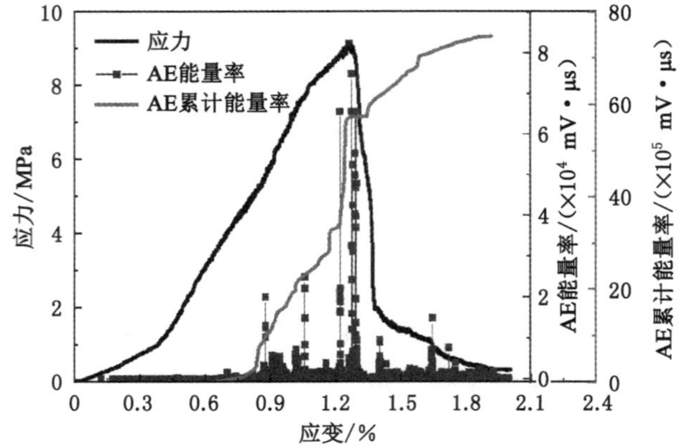

(b) M4

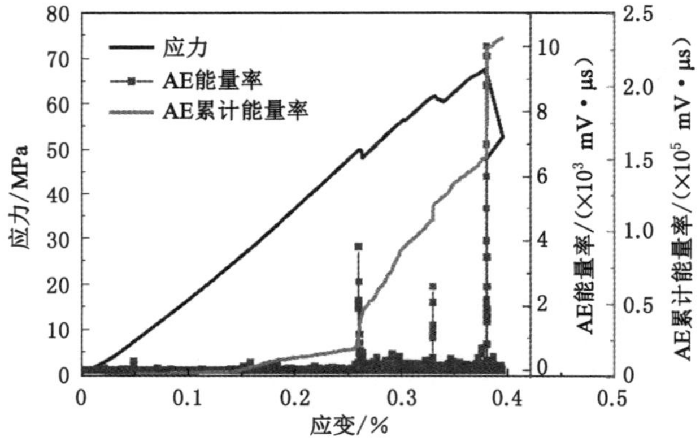

(c) R3

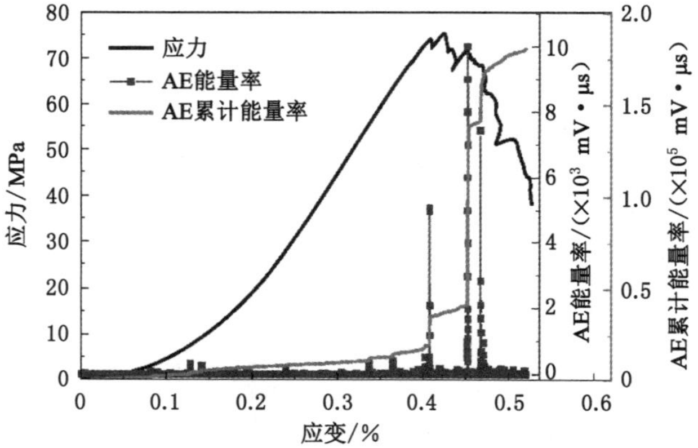

(d) R4

图 2-7 (续)

（1）无影响阶段。在加载初期，试件由于声发射事件计数和能量均较低，所以没有产生明显的声发射事件计数。试件在原始状态下内部已存在大量的原生裂隙，经过初期加载后，其微裂纹逐渐被压实，但是由于其内部的变化不是很明显，所以在此阶段下的声发射事件数相对较少且强度也相应较低。

（2）过渡阶段。随着应力的逐渐增加，开始出现了声发射事件，并且表现为持续时间长，但是计数以及强度还相对较低。此时试件受到裂隙的闭合，进而导致裂隙粗糙面产生滑移，增加了其摩擦性后产生了声发射事件，但是还没有达到最大的程度。

（3）活跃阶段。随着应力的不断增加，声发射事件呈现出急剧增大的现象，在此阶段下的声发射事件活动较为频繁，各参数均表现出较高的水平。处于该状态下的试件已经产生了明显的宏观裂纹，与此同时试件内部的能量得到突然的释放，产生了大量的能量。

（4）衰减阶段。当试件在破坏之后，部分块体还具有一定的承载能力，但是其强度不大，最终导致能量的下降及慢慢消失。

另外，通过图 2-7 还可以看出，煤与砂岩试件的声发射能量分别为 72 535 mV · μs 和 10 819 mV · μs，而相对应的累计声发射能量分别为 587 743 mV · μs 和 20 418 mV · μs，可以对比得出，煤样所释放出的能量大于砂岩所释放出的能量，这也与前文煤岩体破坏模式中煤样破碎程度大于砂岩破碎程度相吻合。

2.3.2　声发射事件分布特征空间演化

煤岩体受力时会发生变形和破裂，破裂的过程中会以弹性波的形式释放储存的应变能，而声发射事件空间定位能够直观反映煤岩体内部破裂的位置和变化过程，试件内部破裂点的聚集和分布随着裂纹的产生、扩展和贯通而发生变化。为了更好地理解不同阶段的破裂行为，进一步分析不同应力下的声发射特征，根据应力增量将声发射定位进行分段显示，例如“40％～50％”表示荷载从 $0.4\sigma_p$ 加载至 $0.5\sigma_p$ 时的声发射定位数据。如图 2-8 和图 2-9 所示分别为不同加载阶段煤和砂岩的声发射事件空间演化特征，从图中可以看出，在相同的试验条件下，煤和砂岩的声发射特征存在明显的差异，岩样声发射事件的数量明显少于煤样声发射事件的数量。

图 2-8 为煤样 M3 试件的声发射事件空间演化特征图，由图可见：当初始应力水平相对较低，置于区间 0～10％、10％～20％、20％～30％和 30％～40％时，整个试件空间内产生的声发射事件定位点很少，且随机分布，这可能是煤中缺陷的不均匀性导致的；随着应力水平的增加，破裂点在空间的分布演化也越来越

大，其中在 40%～50%、50%～60%、60%～70%和 70%～80%的应力区间内，声发射事件数量明显增加，新的定位点分布集中在试件的中部；当应力区间达到 80%～90%和 90%～100%时，声发射事件定位点几乎布满整个试件，在 90%～100%的应力区间内，声发射事件数达到最大值。一般来说，在应力峰值之前，声发射事件定位点的分布呈现随机的特征。但与峰前不同的是，峰后的声发射事件定位点产生在剪切断裂附近，如在 80%～30%和 30%～20%的应力区间，这说明在峰后阶段可能发生了沿剪切面的滑动运动，煤的破坏以剪切失效为主，并伴有许多次生微裂纹，这与前文 M3 试件最终破坏后的形态相符。

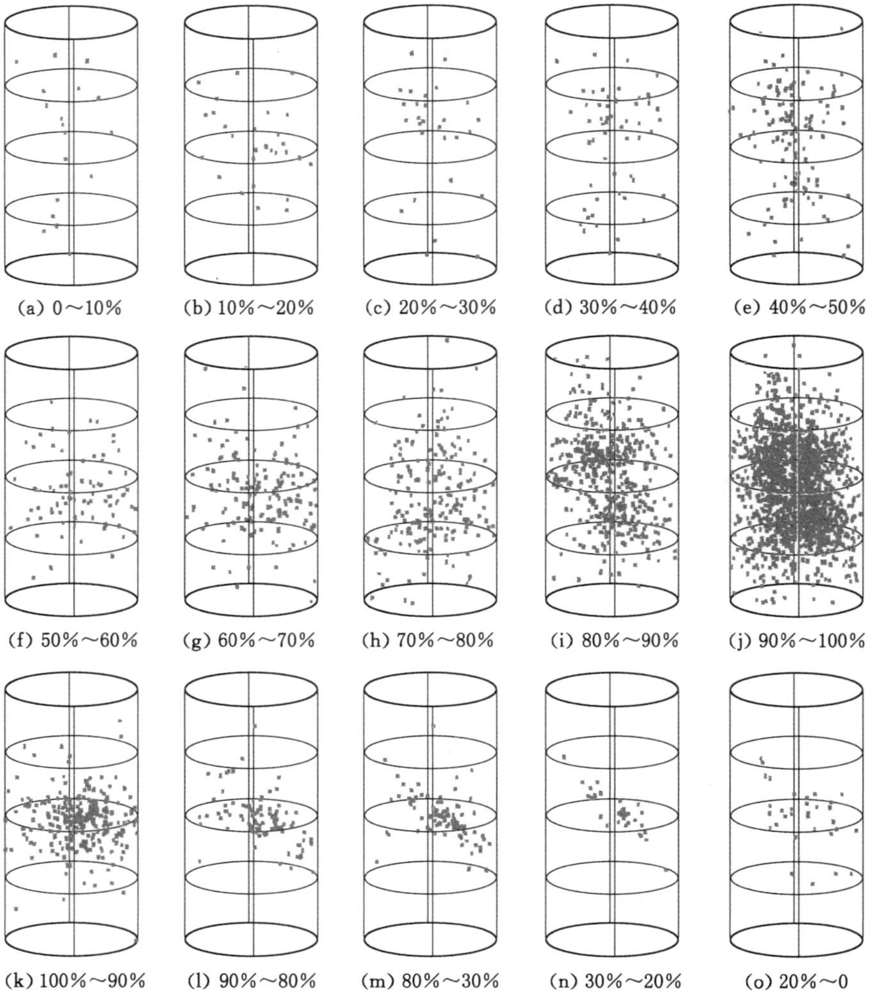

图 2-8　不同应力区间范围内煤样 M3 声发射事件空间演化特征

如图 2-9 所示为砂岩 R1 试件在不同加载阶段的声发射事件空间演化特征，可以看出在达到峰值之前，声发射事件定位数随着荷载的增加在逐渐增加，并在到达峰值荷载时达到最大值，其中：在 0～10%、10%～20%和 20%～30%范围内的初始加载增量阶段，产生了数量相对较少的声发射事件定位点，主要分散分布在试件中部围绕中心轴线的位置；随着应力区间增加到 30%～40%、40%～50%和 50%～60%，声发射事件定位点数量缓慢增加，并随机分布在中心轴线两侧；当应力区间达到 60%～70%、70%～80%和 80%～90%时，声发射事件逐

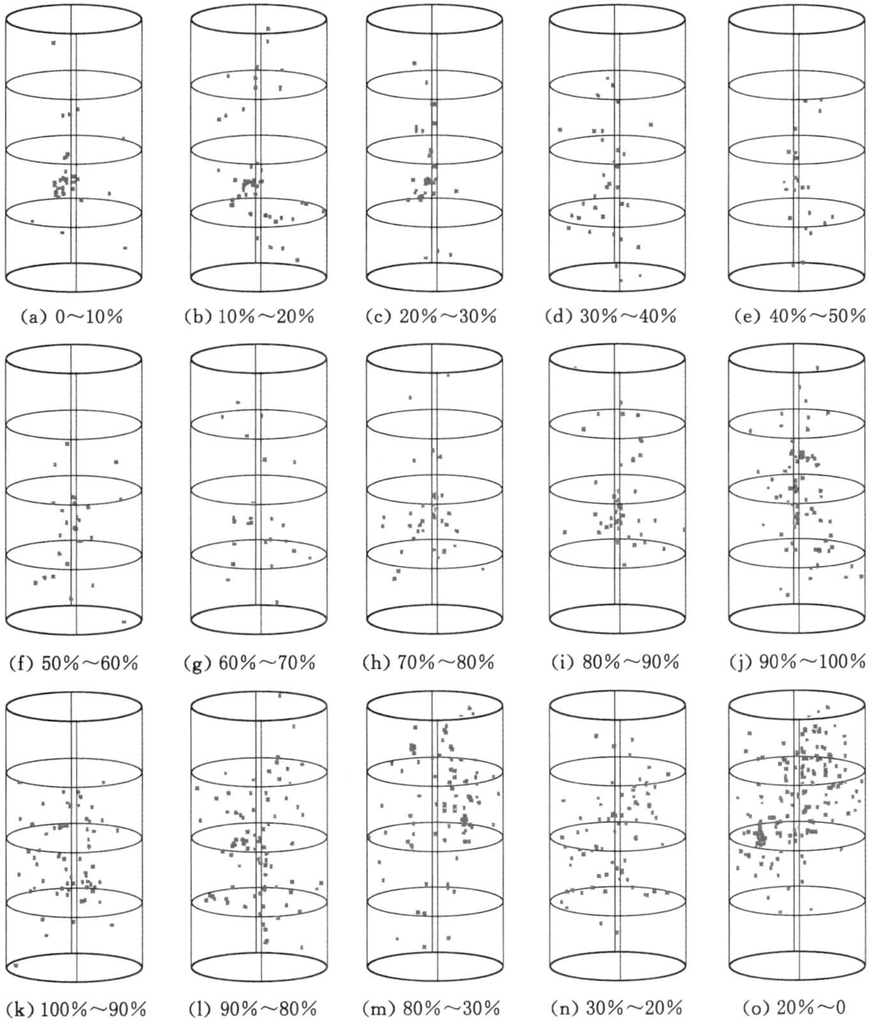

图 2-9　不同应力区间范围内砂岩 R1 声发射事件空间演化特征

渐增加，并在试件中下部形成声发射事件位置点的成核区；当接近峰值应力区间90%～100%和100%～90%的两侧时，声发射事件迅速增加并达到最大值，围绕中心轴线纵向分布，破裂点大多分布在中轴线上，与前文R1试件呈现纵向劈裂破坏模式相符；在后峰值阶段的下降和残余中，仍存在随机分布的声发射事件破裂点。

通过图2-8和图2-9的分析对比可以看出，应力加载过程中声发射事件定位点的空间演化可以很好地反映煤和岩石的破坏特征，并且煤与岩石的声发射破裂特性存在明显差异，在相同的试验条件下，岩石中的声发射事件破裂点的数量远少于煤样的，这可能与不同的破坏模式和材料特性有关。

2.4 数字散斑全场应变及动态破裂过程分析

采用DIC全场应变监测系统的高速相机对煤岩体的破裂过程进行监测，利用相关算法对连续拍摄所得的散斑点图像进行处理，可以得到试件表面全场位移及应变演化过程，其优点是可以对观测区域内曲面的变形破裂过程进行更全面的监测。另外，通过对表面进行标记也可以得到试件上不同位置点的位移、应变等变形规律。

2.4.1 不同位置标记点变形规律

如图2-10所示，在观测面上选取6个点进行标记，以观测破裂过程中试件表面不同位置的变形。由于试件表面分布有声发射监测探头，因此相机只能对试件朝向镜头的一条曲面进行实时监测，通过在破裂过程中监测区域全场位移和应变演化特征及6个标记点的变形来揭示试件不同位置的变形规律。其中相机镜头监测区域的宽度为36 mm、高度为100 mm，标记点对称分布于表面监测区域内，距离中轴线8 mm，中部标记点P2和P3位于试件中间50 mm处，上下标记点距两端各14 mm。

试件表面标记点的位移曲线如图2-11所示，由图可以看出试件破裂过程中6个标记点的位移曲线变化趋势相同，呈现非线性增长的趋势，其形态与典型煤岩体蠕变曲线类似。根据曲线斜率可以将位移变形划分为3个阶段，即初始阶段、等速变形阶段和加速变形阶段，其中：初始变形阶段在0～200 s范围内，变形速率随着时间增加而逐渐下降，这可能与煤岩体内部存在较多的孔裂隙，而在初始压密阶段孔裂隙具有较大的可压缩性有关；第二阶段等速变形阶段在200～1 000 s范围内，在该阶段内位移随着时间呈现线性增长变化，其变形速率基本稳定，这是因为在该区间内煤岩体内的初始孔裂隙已经基本压实，但随着应力的

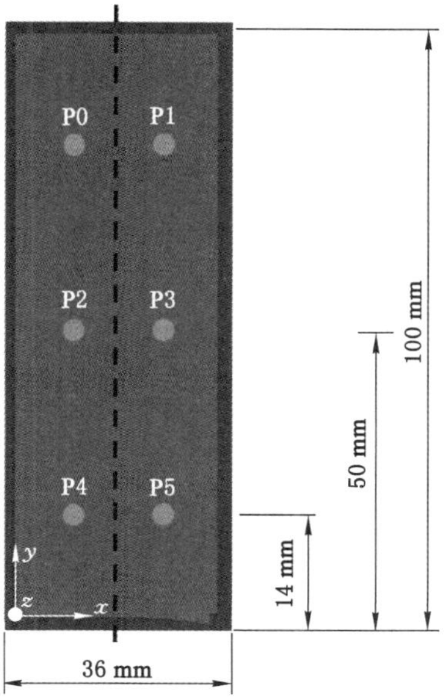

图 2-10　试件表面标记点位置示意图

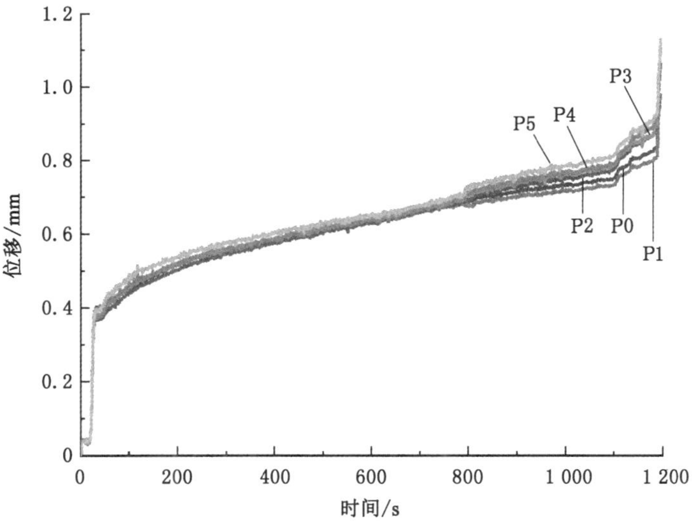

图 2-11　试件表面标记点位移曲线

逐渐增加孔裂隙在逐渐扩展；第三阶段加速变形阶段的区间为 1 000 s 以后至试验结束，在该区间内变形速率随着时间而逐渐上升，并在到达破坏点时出现陡增的趋势，这是因为随着应力的增加，在达到峰值荷载时裂纹快速扩展并形成断裂面，导致变形的加速。

通过试件表面标记点的应变曲线图 2-12 可以发现，变形破坏过程中试件两侧的应变存在一定的区别，右侧的应变大于左侧的应变（由上文标记点位置分布可知监测点 P1、P3 和 P5 分布在试件右侧，监测点 P0、P2 和 P4 分布在试件左侧）。6 个点的应变在 0～800 s 范围内的变化趋势基本相同，由放大图可以看出，它们的应变基本在 0.03％附近呈现波动变化，且随着加载的进行波动幅度越来越大，最大应变值达 0.15％。当达到 800 s 左右时监测点 P1、P3 和 P5 的应变出现了陡增现象，其中监测点 P1 和 P5 陡增的幅度基本相同，其应变值增至 1.0％附近，而监测点 P3 应变陡增的幅度大于监测点 P1 和 P5，其应变值增至 2.0％左右。另外，对比位移曲线图可看出此时的位移变形速率也在增加，但此时试件并没有发生破坏，因此随后在 800～1 100 s 区间内监测点 P1、P3 和 P5 的应变呈现线性增长趋势，在 1 100 s 后到试验结束的区间内监测点 P1、P3 和 P5 的应变出现明显增加，并在试件破坏时出现降低的变化；与之相对应的是试件左侧的监测点 P0、P2 和 P4，从开始到结束它们的应变始终呈现波动式变化，随着应力的增加波动幅度有所增大，但没有出现陡增的变化趋势。这也说明监测面两侧应变场呈现非均匀变形特征。

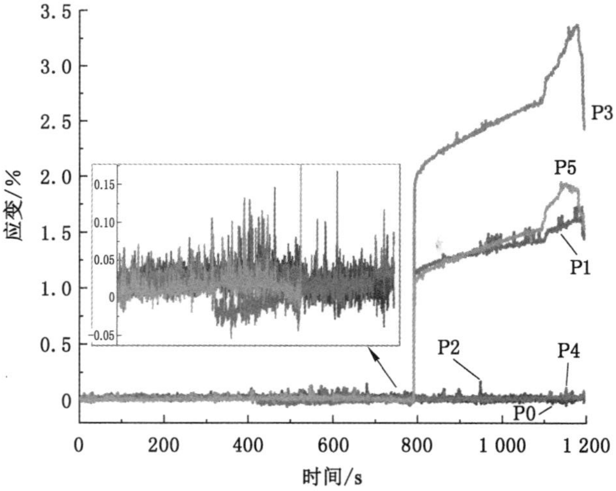

图 2-12　试件表面标记点应变曲线

2.4.2　破裂过程变形场演化分析

通过 DIC 数字散斑系统对单轴压缩过程中试件动态破裂过程进行监测，其中采样间隔为 1 000 ms，共采集到 1 200 张图片，选取其中的 12 张图片对破裂过程中监测曲面的位移场、应变场进行分析。

如图 2-13 所示为监测得到的位移场图像序列，通过该序列可以分析出试件破裂的动态过程。由图可以看出：在加载初期，试件表面位移场在整个面内呈现随机分布，这是加载初期试件内部孔裂隙分布不均造成的；随后在试件上方中部区域开始出现位移增加，并存在一个明显的位移增高区域，此时面内的位移分布为由上而下逐渐减小，横向上右侧位移量大于左侧位移量；但随着应力的不断增加，最大位移区不断向下延伸，呈现出中部大两侧小的形态，最大位移分布呈现出类似抛物线的形状，同时两侧的位移差逐渐持平；随着高位移区向下不断转移，在面的中部形成了一个条带状高位移区过渡区；此后高位移开始在试件底部

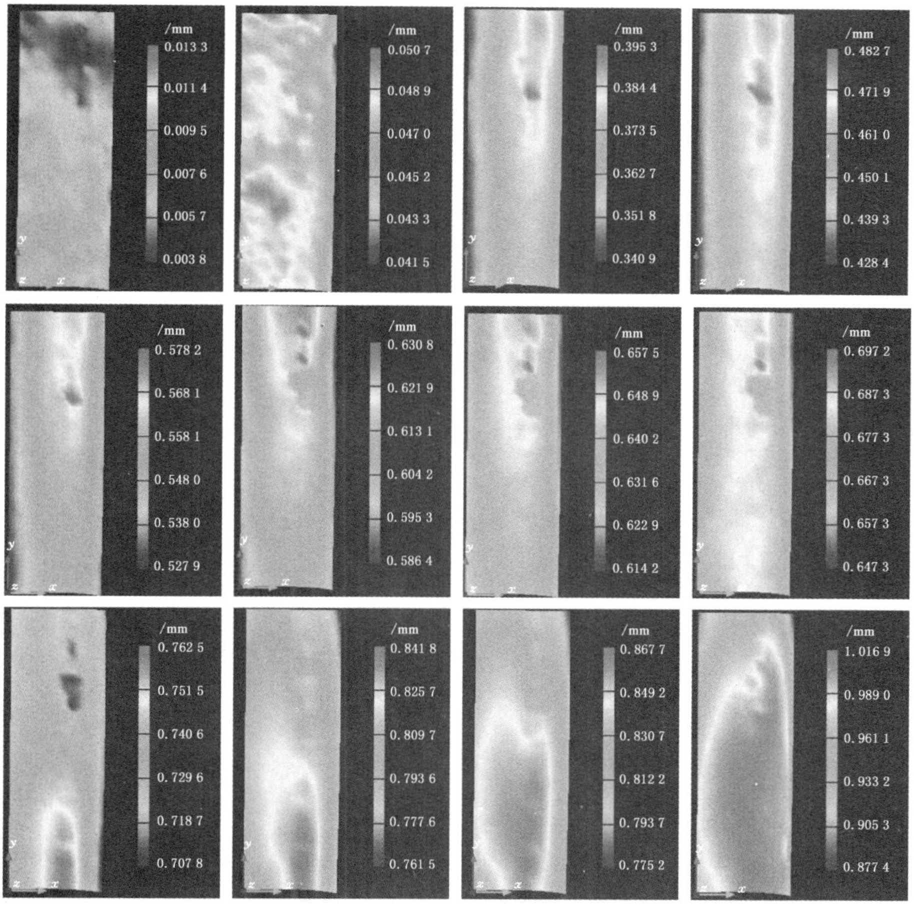

图 2-13　位移场演化云图

中央位置出现，并不断向上方扩展延伸，直至试件破坏。综上可以看出，试件中部的应变始终大于两侧的应变，这与出现劈裂的破坏形态相吻合，且在破裂的过程中高位移区出现了转移，先从顶部向下转移至底部，然后从底部向上扩展延伸直至试件破坏。

由图 2-14 所示的应变场演化云图可以看出：在加载初期，观测面最大主应变随机分布，随着荷载的增加在观测面右上方局部区域开始出现应变集中区，最大主应变围绕该核区向四周扩展，但局部的应变集中区并没有影响试件的破裂；当试件濒临破坏时，最大主应变主要集中在试件的中部，且呈现纵向条带状分布，从应变集中区边缘向顶底两端逐渐变小，这与试件所呈现的劈裂破坏模式和位移演化云图相吻合。

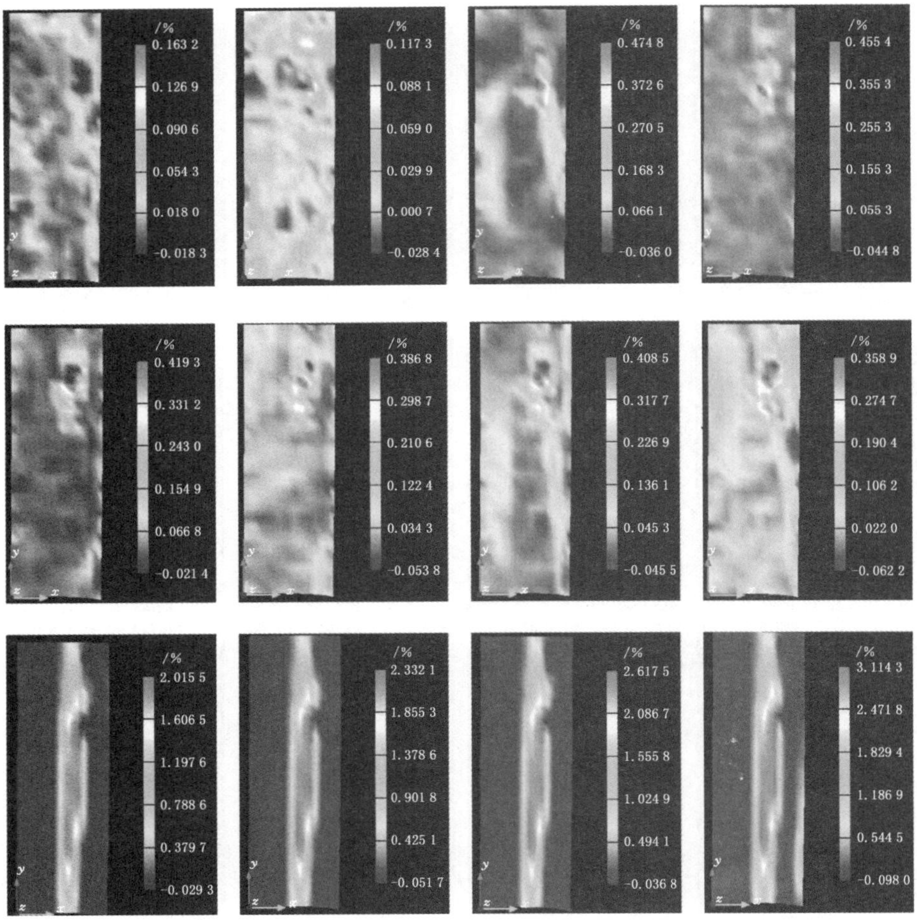

图 2-14　应变场演化云图

综合位移场和应变场的演化过程可以发现，岩石内部裂纹的发展及破裂是前期积累的结果，加载前期试件出现的变形区域比较随机，主要是试件内部孔裂隙在初期加载过程中闭合引起的；随着荷载的增加，变形开始在局部区域集中，但由于此时荷载较低，该集中区域只能称之为潜在的破裂位置，当荷载增加到峰值附近时，高位移区开始稳定向一个方向扩展，并伴随出现条带状的局部应变区，此时可以确定该区域就是试件将要发生破裂的路径。

2.5　本章小结

本章通过单轴压缩试验对煤岩体的力学性能进行了测试，同时联合声发射监测系统和数字散斑全场应变测量分析系统对煤岩体的破裂过程进行了实时监测，根据试验结果分析了煤岩体的承载力学机制和破裂机理，主要研究结论如下：

(1) 通过对比煤和砂岩的力学特性可以看出，煤与砂岩在单轴抗压强度、变形特征及破坏模式等方面存在明显的不同：砂岩的强度明显高于煤样的，且具有较高的残余强度；它们应力-应变曲线的压密阶段和塑性变形阶段存在明显的区别，煤样压密阶段占比要大于岩样的且呈现明显的非线性，而岩样在靠近峰值的塑性变形阶段占比明显大于煤样的；煤样破坏形式更加复杂，碎裂块度明显小于岩样的，砂岩以纵向劈裂破坏和剪切破坏为主，煤样则以剪切滑移破坏为主，其破裂后的裂纹形态主要包含单一剪切面、双剪切面、“X”形破坏和“Y”形破坏。相比较而言，煤样的脆性破坏特征更加显著。

(2) 通过分析破裂过程中声发射能量释放和破裂点空间演化特征可以看出，在试件破坏过程中的声发射能量释放与内部裂纹的萌生、发展、贯通过程密切相关，其中在线弹性阶段结束时声发射能量开始出现明显增加，并在试件破裂的瞬间声发射能量值突然增高至最大值，同时伴随声发射破裂定位点的骤增。另外，声发射事件定位点与试件最终的破坏形态存在很好的对应关系，声发射能量的变化反映了破裂过程中弹性能的积累和释放过程，而不同应力水平下的声发射事件定位点演化更能够有效地反映出破裂区域及其扩展的方向。

(3) 采用 DIC 数字散斑全场应变测量方法，可以同时定量监测标记点和破裂面的位移场、应变场演化过程，突破了传统以经验和定性为主来判断破裂过程的局限性。其中标记点的变形规律与蠕变曲线类似，可划分为初始变形、等速变形和加速变形三个阶段。另外，监测面的位移场反映了裂隙从底部向顶部扩展的过程，全场应变场很好地反映了试件中部所产生的张拉应变，应变场的变化和转移是导致煤岩体裂纹萌生和扩展的根本原因。加载前期局部应变场会产生局部裂纹，这会对整个试件的破裂造成一定的影响，但加载后期应变场的变化更能够体现裂纹的扩展方向，这也与试件最终纵向劈裂的破坏模式相一致。

（4）根据单轴压缩条件下煤岩体破裂过程的声发射响应和 DIC 全场应变演化特征可以看出，声发射特征主要揭示了煤岩体内部裂隙的发育过程及能量演化规律，而 DIC 全场应变测量系统主要揭示了试件表面的位移场及应变场变形规律，前者监测试件内部破裂，后者监测试件表面变形，它们相互补充，能够更全面、客观地反映煤岩体的破裂过程。

第 3 章　覆岩破断裂隙通道形成机理及其形态特征

采空区覆岩破断裂隙导流通道实质上是覆岩关键结构的破断演化引起的，导流通道的边界实际上是破断岩块的断裂面，岩块的破裂迹线决定了导流通道的几何形态，岩块的回转角度决定了裂隙通道的张开大小和连通程度。

本章以单位宽度的“砌体梁”岩层结构为研究对象，推导出了线性增压荷载下铰接岩块的破裂迹线表达式，从弹塑性力学内应力分量的角度揭示了覆岩破断的力学机制，分析了岩石黏聚力和内摩擦角对其形态的影响，并结合块体回转角度，进一步分析了四种不同长度块体的裂隙通道的张开特征，为进一步认识裂隙通道的渗流特性奠定了理论基础。

3.1　关键块体结构破断力学机制理论分析

采动裂隙通道的形成机理与地下岩层的厚硬软弱密不可分，其中关键层对采动裂隙的发育起到控制的作用[289-291]，它的破断会直接影响裂隙通道发育的程度，因此关键结构的破断机制及其破断后的裂隙形态是我们重点研究的内容，其中关于岩层结构模型和破断力学机制方面的研究进展及最新成果已在前文 1.2 节中进行了详细论述，在此不再赘述。

为了从内应力的角度剖析岩层破断的力学机制并获得岩块破裂迹线的特征，本节通过弹性力学中平面应变问题的应力逆解法，在充分考虑荷载边界条件和位移约束条件的基础上，首先求得了梁模型的内应力分量，并进一步分析了铰接岩块的主应力场、偏应力场、应变能密度、畸变能等的分布特征，从这个角度探索岩层关键结构的破断力学机制，然后以应力分量为桥梁，结合岩体的屈服破坏准则，从理论上获得破裂迹线的表达式，从而得到岩块断面的破裂形态及采动裂隙通道的渗流边界，结合岩块的回转角度获得裂隙通道的张开度特征。

3.1.1　力学模型的建立及边界条件的确定

本节以钱鸣高院士提出的“砌体梁”结构理论为依据，采用大家普遍认可的梁模型进行分析研究。如图 3-1 所示为基本顶周期破断岩层结构演化及荷载分布示意图，以工作面中部单位宽度的岩层结构为对象进行研究。煤层开采后直接顶首先发生垮落，在采空区堆积，坚硬的基本顶处于悬梁状态，当跨距达到极限后基本顶发生初次断裂，断裂的岩块压在采空区散落堆积的散体上，随着开采的继续，基本顶将发生周期断裂，断裂后的块体形成铰接岩梁结构[292]。

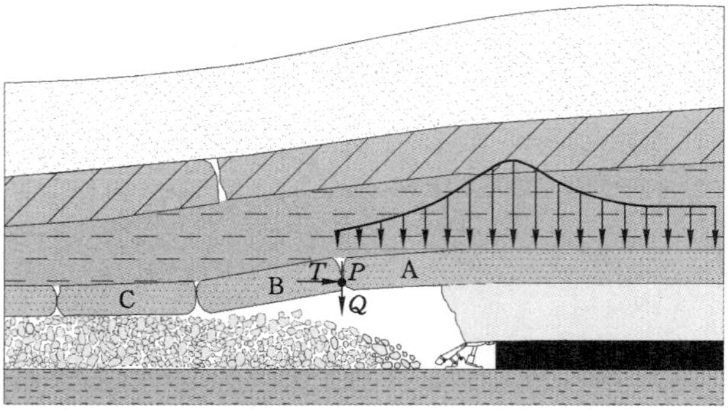

图 3-1　基本顶周期破断岩层结构演化及荷载分布示意图

假设此时岩块 A 尚未发生破断，岩块 B 处于回转下沉状态，左端铰接在回转下沉稳定的岩块 C 端部，右端与岩块 A 铰接产生相互挤压作用，由于岩块 A 阻碍岩块 B 的回转下沉运动趋势，所以将岩块 A 在 P 点受的挤压力表示为水平推力 T 和摩擦力 Q，将图 3-1 中岩块 A 简化为如图 3-2 所示的线性增压荷载悬臂梁模型，其中悬臂自由端距煤壁的距离为 L，岩层的厚度为 h，模型顶部受到线性增压荷载 $q(x)$ 作用，梁右端固定约束，在梁左端 P 点受到岩块 B 对其的水平推力 T 和摩擦力 Q，这两个外力可通过对岩块 B 隔离受力分析求得。

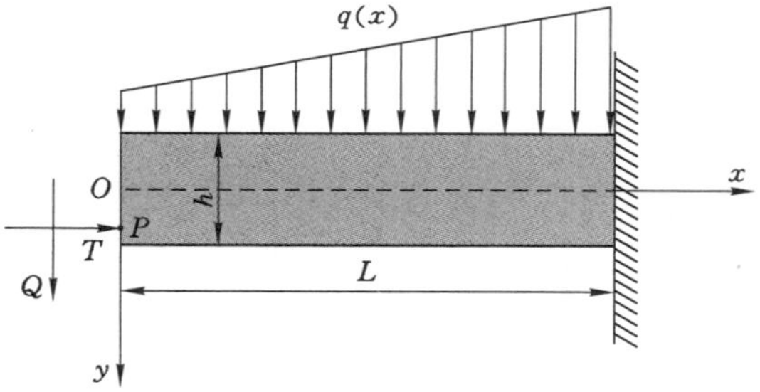

图 3-2　线性增压荷载悬臂梁力学模型

为了根据弹性力学中的应力逆解法求得模型的内应力分量，还需要进一步确定模型边界条件中各个应力边界的具体数值，其中顶部线性增压荷载大小根据岩层的自重和工作面前方支承压力峰值大小确定，即 $q_0=\gamma H$，$q=K\gamma H$，将超前应力荷载简化为呈线性增加，其大小如下：

$$q(x)=\frac{q}{L}x+q_0 \tag{3-1}$$

式中：H 为埋深，m；γ 为岩层容重，kN/m^3；K 为应力集中系数，取值范围为 2.0～4.0[97]。

模型端部 P 点的水平推力 T 和摩擦力 Q 的大小需要结合铰接岩梁理论[98]进一步确定。对图 3-1 中的厚硬岩层进行单独分析，将铰接岩梁块体结构中的岩块 A、B 和 C 隔离出来，对块体 B 进行受力分析。如图 3-3 所示为破断岩块结构及受力分析图。

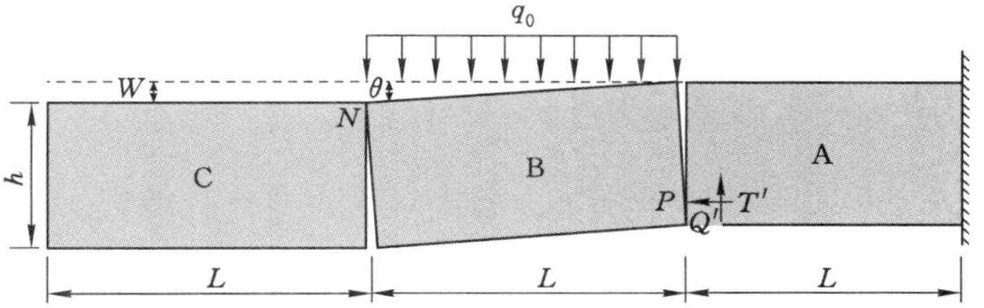

图 3-3　破断岩块结构及受力分析图

根据钱鸣高院士提出的全砌体梁结构相关理论[293]，下沉量 W 与直接顶总厚度 $\sum h$、采高 M 及岩层破断后的松散系数 K_p 有关，即 $W=M-\sum h(K_p-1)$；破断后的块体 B 的回转角度 θ 与最大下沉量 W 和周期垮落步距 L 有关，即 $\theta=\arcsin\frac{W}{L}$。块体 B 承受上部软岩岩层的均布荷载（包括自重）q_0，左端将绕 N 点发生回转，这里不考虑块体间由于挤压作用引起的塑性变形，右端点 P 处受到 A 块的反作用力，对 B 块 N 点取力矩 $\sum M_N=0$，得：

$$\frac{1}{2}q_0L^2+T'(h-a)=Q'L \tag{3-2}$$

式中，a 为铰接点与岩块下表面的距离，m。由于此时 B 块尚未发生失稳，所以其对 A 块的摩擦力小于剪力，由摩擦力与水平推力的关系得：

$$Q'=T'\tan\varphi \tag{3-3}$$

式中，$\tan\varphi$ 为岩块间的摩擦系数。由以上可得到：

$$\begin{cases}T'=\dfrac{q_0L^2}{2(L\tan\varphi-h+a)}\\[2ex]Q'=\dfrac{q_0L^2\tan\varphi}{2(L\tan\varphi-h+a)}\end{cases} \tag{3-4}$$

根据上述对砌体梁结构的分析，力学模型及应力边界荷载确定后对内应力进行推导求解，为了方便后续计算，将铰接点处的水平推力和垂直作用力向中轴线处平移，则相当于在关键层断裂面中轴线处施加顺时针力偶 M、水平推力 T 和摩擦力 Q，根据力的平移定理和牛顿第三定律（作用力与反作用力原理），可以求得梁悬臂端弯矩的表达式：

$$M=\frac{q_0 hL^2}{4(L\tan\varphi-h+a)} \tag{3-5}$$

结合矿山压力与岩层控制以及关键层结构演化的相关理论，以全"砌体梁"结构模型为基础，建立了关键块体 A 破断的力学模型，该模型充分考虑了工作面前方支承压力和铰接岩块间端部挤压荷载的作用，并确定了边界荷载的大小，做到了尽可能逼近于实际的工程概况。

3.1.2 模型内应力分量解析解

根据弹性力学可知，对于体力为常量的平面问题都归结为在给定边界条件下求解双调和方程的问题[294]。本书应力分量的求解思路是采用平面问题的应力逆解法，首先定义应力函数并使其满足双调和方程，然后根据模型的边界条件求未知系数并验证正确性，再将系数代入偏微分方程中求得应力分量。利用该思路对上述模型内部应力分量进行求解。

由于力学模型为固支梁上分布线性增加的梯形荷载，根据凑取经验试取如下形式的应力函数 U：

$$U=\frac{1}{6}x^3 f_1(y)+\frac{1}{2}x^2 f_2(y)+xf_3(y)+f_4(y) \tag{3-6}$$

将上式代入双调和方程 $\nabla^2\nabla^2 U=0$，即 $\frac{\partial^4 U}{\partial x^4}+2\frac{\partial^4 U}{\partial x^2 y^2}+\frac{\partial^4 U}{\partial y^4}=0$，得到：

$$\left.\begin{aligned}&\frac{d^4 f_1}{dy^4}=0\\&\frac{d^4 f_2}{dy^4}=0\\&\frac{d^4 f_4}{dy^4}+2\frac{d^2 f_2}{dy^2}=0\\&\frac{d^4 f_3}{dy^4}+2\frac{d^2 f_1}{dy^2}=0\end{aligned}\right\}\Rightarrow\left\{\begin{aligned}&f_1=Ay^3+By^2+Cy+D\\&f_2=Ey^3+Fy^2+Gy+H\\&f_3=-\frac{A}{10}y^5-\frac{B}{6}y^4+\frac{I}{6}y^3+\frac{J}{2}y^2+Ky\\&f_4=-\frac{E}{10}y^5-\frac{F}{6}y^4+\frac{R}{6}y^3+\frac{S}{2}y^2\end{aligned}\right. \tag{3-7}$$

进一步，得到应力函数 $U(x,y)$ 的表达式为：

$$U=\frac{1}{6}x^3(Ay^3+By^2+Cy+D)+\frac{1}{2}x^2(Ey^3+Fy^2+Gy+H)+$$

$$x\left(-\frac{A}{10}y^5-\frac{B}{6}y^4+\frac{I}{6}y^3+\frac{J}{2}y^2+Ky\right)+\left(-\frac{E}{10}y^5-\frac{F}{6}y^4+\frac{R}{6}y^3+\frac{S}{2}y^2\right) \tag{3-8}$$

求得带未知系数的应力分量表达式：

$$\begin{cases}\sigma_x=\dfrac{\partial^2 U}{\partial y^2}=\left(Ay+\dfrac{B}{3}\right)x^3+(3Ey+F)x^2+(-2Ay^3-2By^2+Iy+J)x+(-2Ey^3-2Fy^2+Ry+S)\\ \sigma_y=\dfrac{\partial^2 U}{\partial x^2}=(Ay^3+By^2+Cy+D)x+(Ey^3+Fy^2+Gy+H)\\ \tau_{xy}=-\dfrac{\partial^2 U}{\partial x\partial y}=-\dfrac{1}{2}(3Ay^2+2By+C)x^2-(3Ey^2+2Fy+G)x+\left(\dfrac{1}{2}Ay^4+\dfrac{2}{3}By^3-\dfrac{1}{2}Iy^2-Jy-K\right)\end{cases} \tag{3-9}$$

式(3-9)中含有未知系数，如下利用边界条件求系数，悬臂梁上下两面的主应力边界条件表达式为：

$$\begin{cases}(\sigma_y)_{y=-\frac{h}{2}}=-\left(\dfrac{q}{L}x+q_0\right),(\tau_{xy})_{y=-\frac{h}{2}}=0\\ (\sigma_y)_{y=\frac{h}{2}}=0,(\tau_{xy})_{y=\frac{h}{2}}=0\end{cases} \tag{3-10}$$

将式(3-9)代入式(3-10)，得到如下系数的表达式：

$$A=-\frac{2q}{Lh^3},B=0,C=\frac{3q}{2Lh},D=-\frac{q}{2L},$$

$$E=-\frac{2q_0}{h^3},F=0,G=\frac{3q_0}{2h},H=-\frac{q_0}{2},J=0 \tag{3-11}$$

$$\frac{qh}{16L}+\frac{h^2}{8}I+K=0 \tag{3-12}$$

由上可以看出，由主应力边界条件可求得部分未知系数和系数表达式，接下来根据圣维南原理对模型左端的次要边界进行积分，以求得其他系数。

悬臂梁左端($x=0$)应力边界条件：

$$\left.\begin{aligned}&\int_{-\frac{h}{2}}^{\frac{h}{2}}(\sigma_x)|_{x=0}\mathrm{d}y=-T\\ &\int_{-\frac{h}{2}}^{\frac{h}{2}}(\sigma_x)|_{x=0}\cdot y\mathrm{d}y=-M\\ &\int_{-\frac{h}{2}}^{\frac{h}{2}}(\tau_{xy})|_{x=0}\mathrm{d}y=-Q\end{aligned}\right\} \tag{3-13}$$

将式(3-9)代入上述积分方程式(3-13)，并结合式(3-12)，得到系数 S、R、I 和 K 的表达式：

$$S=-\frac{T}{h},R=-\frac{12M}{h^3}-\frac{3q_0}{5h},I=-\frac{12Q}{h^3}-\frac{3q}{5hL},K=\frac{qh}{80L}+\frac{3Q}{2h} \tag{3-14}$$

所有未知系数求得后，将式(3-11)和式(3-14)代入应力分量表达式(3-9)，得到应力分量的表达式：

$$\begin{cases}\sigma_x=-\dfrac{2q}{Lh^3}x^3y-\dfrac{6q_0}{h^3}x^2y+\dfrac{4q}{Lh^3}xy^3-\left(\dfrac{12Q}{h^3}+\dfrac{3q}{5hL}\right)xy+\dfrac{4q_0}{h^3}y^3-\left(\dfrac{12M}{h^3}+\dfrac{3q_0}{5h}\right)y-\dfrac{T}{h}\\ \sigma_y=-\dfrac{2q}{Lh^3}xy^3+\dfrac{3q}{2Lh}xy-\dfrac{q}{2L}x-\dfrac{2q_0}{h^3}y^3+\dfrac{3q_0}{2h}y-\dfrac{q_0}{2}\\ \tau_{xy}=\dfrac{3q}{Lh^3}x^2y^2+\dfrac{6q_0}{h^3}xy^2-\dfrac{3q}{4Lh}x^2-\dfrac{3q_0}{2h}x-\dfrac{q}{Lh^3}y^4+\left(\dfrac{6Q}{h^3}+\dfrac{3q}{10hL}\right)y^2-\dfrac{qh}{80L}-\dfrac{3Q}{2h}\end{cases}\tag{3-15}$$

为了验证上述推导所得应力分量解析式(3-15)的正确性，将其代入悬臂梁右端的应力边界条件方程组(3-16)，计算后应力积分方程均成立，可知上述应力满足了调和方程和全部的边界条件，因而上述应力分量解是线性增压荷载模型的解。

悬臂梁右端($x=L$)应力边界条件：

$$\left.\begin{aligned}&\int_{-\frac{h}{2}}^{\frac{h}{2}}(\sigma_x)\big|_{x=L}\,\mathrm{d}y=-T\\ &\int_{-\frac{h}{2}}^{\frac{h}{2}}(\sigma_x)\big|_{x=L}\cdot y\,\mathrm{d}y=-M-QL-\frac{q_0L^2}{2}-\frac{qL^2}{6}\\ &\int_{-\frac{h}{2}}^{\frac{h}{2}}(\tau_{xy})\big|_{x=L}\,\mathrm{d}y=-q_0L-\frac{qL}{2}-Q\end{aligned}\right\}\tag{3-16}$$

3.1.3 破裂迹线/塑性边界方程

关于岩石的破坏模式和破裂准则很多，在充分考虑岩石自身抗压不抗拉的性质和覆岩应力分布的情况下，通常选取莫尔-库仑准则作为岩石发生剪切破坏的宏观判据，如图 3-4 所示[295]。

根据莫尔圆与破裂线相切的几何关系，可以得到当某点发生剪切屈服破坏时的表达式(3-17)，其含义是当等式右方小于 $2c$ 时破坏不会发生，当大于 $2c$ 时破坏才会发生。

$$\sigma_1-\sigma_3=2c\cos\varphi+(\sigma_1+\sigma_3)\sin\varphi\tag{3-17}$$

化简移项得：

$$2c=(\sigma_1-\sigma_3)\sqrt{1+\tan^2\varphi}-(\sigma_1+\sigma_3)\tan\varphi\tag{3-18}$$

式中：c 为岩石的黏聚力，MPa；φ 为岩石的内摩擦角，(°)；σ_1，σ_3 为最大主应力和最小主应力，MPa。

式中的最大主应力和最小主应力可以通过将应力分量解析式(3-15)代入平

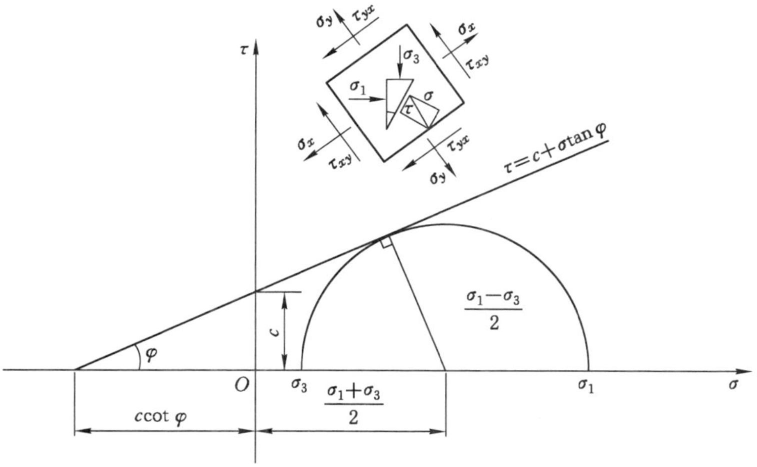

图 3-4　莫尔-库仑破断准则及一点的应力状态[295]

面问题内任意一点主应力的表达式(3-18)而得到，其中 σ_1 为正的拉应力，σ_3 为负的压应力。

$$\frac{\sigma_1}{\sigma_3}=\frac{\sigma_x+\sigma_y}{2}\pm\sqrt{\left(\frac{\sigma_x-\sigma_y}{2}\right)^2+\tau_{xy}^2} \tag{3-19}$$

将式(3-18)移项后，令：

$$f(x,y)=(\sigma_1-\sigma_3)\sqrt{1+\tan^2\varphi}-(\sigma_1+\sigma_3)\tan\varphi-2c \tag{3-20}$$

将式(3-19)代入式(3-20)，则 $f(x,y)$ 可表示为：

$$f(x,y)=\sqrt{(\sigma_x-\sigma_y)^2+(2\tau_{xy})^2}\cdot\sqrt{1+\tan^2\varphi}-(\sigma_x+\sigma_y)\tan\varphi-2c \tag{3-21}$$

最后将应力分量解析式代入式(3-21)，得到破裂迹线表达式：

$$f(x,y)=\sqrt{4K_1^2+K_2^2}\cdot\sqrt{1+\tan^2\varphi}-K_3\tan\varphi-2c \tag{3-22}$$

其中系数 K_1、K_2 和 K_3 的表达式为：

$$\begin{cases}K_1=\dfrac{3q}{Lh^3}x^2y^2+\dfrac{6q_0}{h^3}xy^2-\dfrac{3q}{4Lh}x^2-\dfrac{3q_0}{2h}x-\dfrac{q}{Lh^3}y^4+\left(\dfrac{6Q}{h^3}+\dfrac{3q}{10Lh}\right)y^2-\dfrac{qh}{80L}-\dfrac{3Q}{2h}\\ K_2=\dfrac{6q}{Lh^3}xy^3-\dfrac{2q}{Lh^3}x^3y-\dfrac{6q_0}{h^3}x^2y+\dfrac{6q_0}{h^3}y^3-\left(\dfrac{12Q}{h^3}+\dfrac{21q}{10Lh}\right)xy-\left(\dfrac{12M}{h^3}+\dfrac{21q_0}{10h}\right)y+\dfrac{q}{2L}x+\dfrac{q_0}{2}-\dfrac{T}{h}\\ K_3=\dfrac{2q}{Lh^3}xy^3-\dfrac{2q}{Lh^3}x^3y-\dfrac{6q_0}{h^3}x^2y+\dfrac{2q_0}{h^3}y^3+\left(\dfrac{9q}{10Lh}-\dfrac{12Q}{h^3}\right)xy+\left(\dfrac{9q_0}{10h}-\dfrac{12M}{h^3}\right)y-\dfrac{q}{2L}x-\dfrac{q_0}{2}-\dfrac{T}{h}\end{cases} \tag{3-23}$$

式(3-22)即为基于莫尔-库仑破坏准则的破裂迹线表达式，当 $f(x,y)>0$ 时发生破坏，当 $f(x,y)=0$ 时处于临界破坏状态，其对应的解为上述悬臂梁力学模型断面的破裂迹线。

3.2　主应力场及应变能密度分布特征算例分析

前节从理论方面剖析了破断力学机制及裂隙通道的形成机理，本节将引入具体的案例对模型内应力分量的分布特征进行分析，根据上述 3.1 节中得到的应力分量表达式(3-15)，可以进一步求出应变分量、最大主应力、最小主应力、偏应力分量、等效应力、等效应变、应变能密度和畸变能密度等。

3.2.1　基准参数选取及计算过程

由前文可知顶部荷载和水平荷载与地质条件密切相关，在对模型应力分量进行求解计算前首先需要确定相关的参数，根据煤层开采及地质条件可以确定埋藏深度、煤层开采厚度、直接顶厚度、基本顶厚度、周期来压步距等矿压参数，根据岩石力学试验可以确定关键层岩体的弹性模量、泊松比、容重、黏聚力和内摩擦角等力学参数，另外涉及的其他相关参数如碎胀系数、超前应力集中系数等可以通过大量的现场经验获取。为了得到模型内应力分量分布特征、应变能密度分布特征及破裂迹线形态特征，按照一般条件举例分析计算，其中参考借鉴李新元等[108]、潘岳等[109-110]的文献，本节选择的基准数据如表 3-1 所示。

表 3-1　地质力学基准数据表

名称	参数	名称	参数
开采厚度 M/m	6.5	弹性模量 E/GPa	21.5
直接顶厚度 $\sum h$ /m	7.2	泊松比 ν	0.17
基本顶厚度 h/m	8	内摩擦角 φ/(°)	30
破断步距 L/m	18	黏聚力 c/MPa	25
碎胀系数 K_p	1.25	容重 γ/(kN/m^3)	25
应力集中系数 K	2.5	原岩应力 q/MPa	6
自重荷载 q_0/MPa	1.2	超前最大支承力/MPa	15

需要指出的是算例只考虑关键层破断处于回转挤压临界状态下的一种情况，滑落失稳状态没有考虑在其中。根据上述基准参数依次计算块体 C 回转稳定后的下沉量、处于回转状态的破断块体 B 的上覆荷载（它由软岩及自重荷载组成，该算例取值为 1.2 MPa）、处于临界破断状态的块体 A 的边界荷载，其上

覆的均布荷载为 6 MPa，超前支承应力的集中系数 K 取为 2.5，具体的计算步骤如下。

(1) 块体 C 的下沉量：

$$W = M - \sum h(K_p - 1) = 6.5 - 7.2 \times (1.25 - 1) = 4.7(\text{m})$$

(2) 块体 B 的顶部荷载：

$$q(x) = \frac{Kq}{L}x + q_0 = \frac{2.5 \times 6}{18}x + 1.2 = 0.83x + 1.2$$

(3) 块体 A 的端部荷载：

水平推力：

$$T = \frac{2q_0 L^2}{2h - W} = \frac{2 \times 1.2 \times 10^3 \times 18^2}{2 \times 8 - 4.7} = 0.69 \times 10^5(\text{kN})$$

垂直剪力：

$$Q = \frac{(4h - 3W)q_0 L}{4h - 2W} = \frac{(4 \times 8 - 3 \times 4.7) \times 1.2 \times 10^3 \times 18}{4 \times 8 - 2 \times 4.7} = 0.17 \times 10^5(\text{kN})$$

弯矩：

$$M = T\left(\frac{h + W}{4}\right) = 0.69 \times 10^5 \times \left(\frac{8 + 4.7}{4}\right) = 2.19 \times 10^5(\text{kN} \cdot \text{m})$$

(4) 将上述计算得到的参数代入前文推导所得的应力分量表达式(3-15)和破裂迹线表达式(3-22)，然后通过 MATLAB 计算和绘图可以得到相对应的应力分布特征云图、应变分布特征云图和破裂迹线形态。

3.2.2　应力及应变分量分布特征分析

根据上述应力分量公式计算得到的最大主应力为受拉的正应力，最小主应力为受压的负应力，通过 MATLAB 软件计算和绘图可以得到水平应力、垂直应力、剪切应力、最大主应力、最小主应力及其相对应的水平应变、垂直应变、剪切应变、最大主应变、最小主应变分布云图，如图 3-5 所示。

通过图 3-5 分析可知：总体来看，应力云图和应变云图均是越靠近梁的固支端变化越剧烈，其中值得关注的是垂直应力云图等值线不再保持水平状态，其在端部荷载的作用下出现了偏转，说明端部荷载对内应力的影响不可忽视；由主应力云图可以看出，最大主应力增加剧烈的区域在固支端的右下角，梁主应力等值线在梁的固定端部分布密集，分别向上下表面延伸为不同倾角的斜曲线，同时主应力大小为 0 的等值线并不是矩形梁的中性轴，以主应力为 0 的等值线为界限，界限上方基本顶悬臂梁受拉、界限下方基本顶悬臂梁受压；根据主应力分布规律可以初步确定梁发生破断的先后次序：由岩石抗拉强度远小于抗压强度的特性

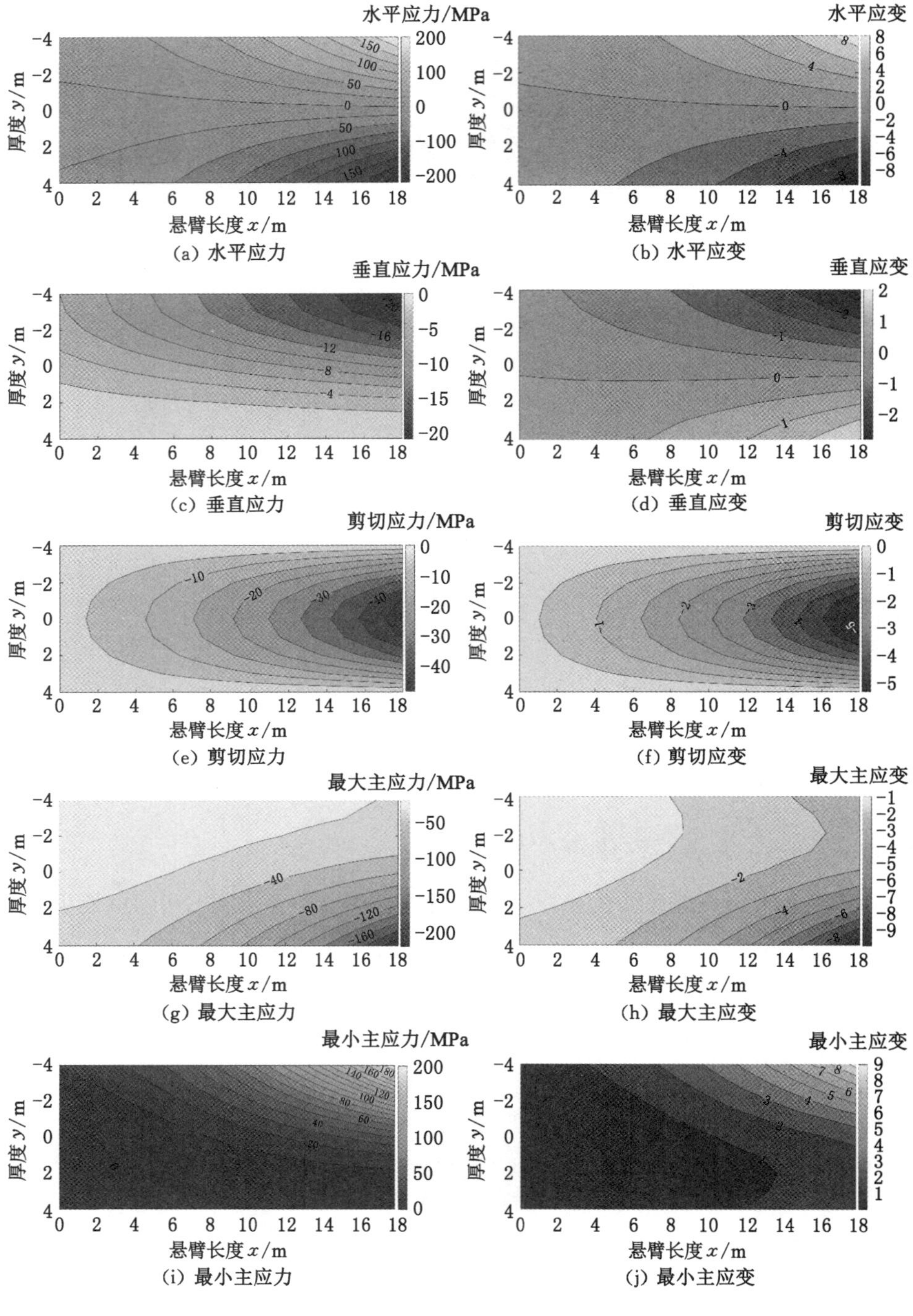

图 3-5　应力及应变分布云图

可知，主要发生拉剪破坏，基本顶悬臂梁首先从上表面受拉区发生破裂，然后向下表面受压区扩展断裂。

3.2.3 不同长度块体的应变能密度分布特征

根据上述的计算过程，选取不同的地质参数可以进一步分析出不同块体长度下的应力分量及应变分量云图，由于篇幅的限制此处不再一一列举，但在开采过程中更加关注的是破断时所释放的能量，可以通过应变能密度进行描述，本节利用上节所述的方法计算了四种不同长度块体的应变能密度，如图 3-6 所示。

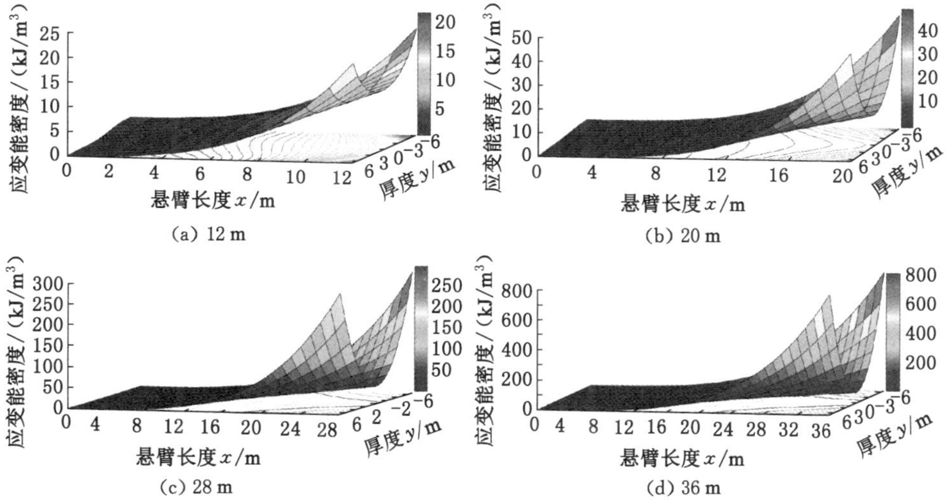

(a) 12 m　(b) 20 m　(c) 28 m　(d) 36 m

图 3-6　不同长度块体的应变能密度分布云图

由图 3-6 可以看出，从铰接端到固定端应变能密度变化越来越明显，四种不同块体长度下的应变能密度都在固定端积聚，其中最大的应变能密度出现在固定端右上角，且随着块体长度的增加应变能密度急剧增加，四种块体长度(12 m、20 m、28 m 和 36 m)下的最大应变能密度分别为 22 kJ/m^3、48 kJ/m^3、292 kJ/m^3 和 804 kJ/m^3。另外还可以看出，应变能密度在固定端呈现非对称分布特征，固定端两角点处的应变能密度数值大小不一，发生断裂时上部拉伸状态释放的弹性能大于下部压缩状态释放的弹性能，且悬伸长度越长断裂时所释放的能量越大。

另外，由塑性力学可知变形可分为形状改变和体积改变两部分，对应的应变能密度可以进一步分解为畸变能密度和体变能密度，其中畸变能表示在应力偏量作用下形状改变时积蓄的能量，而体变能表示在应力球张量状态下体积变化时积蓄的能量。为了分析破断时形状改变释放的能量与体积改变释放的能量大小，将上述的应变能密度分解为两部分进行对比分析，如图 3-7 所示为四种不同块体长度下畸变能密度和体变能密度对比分析图。

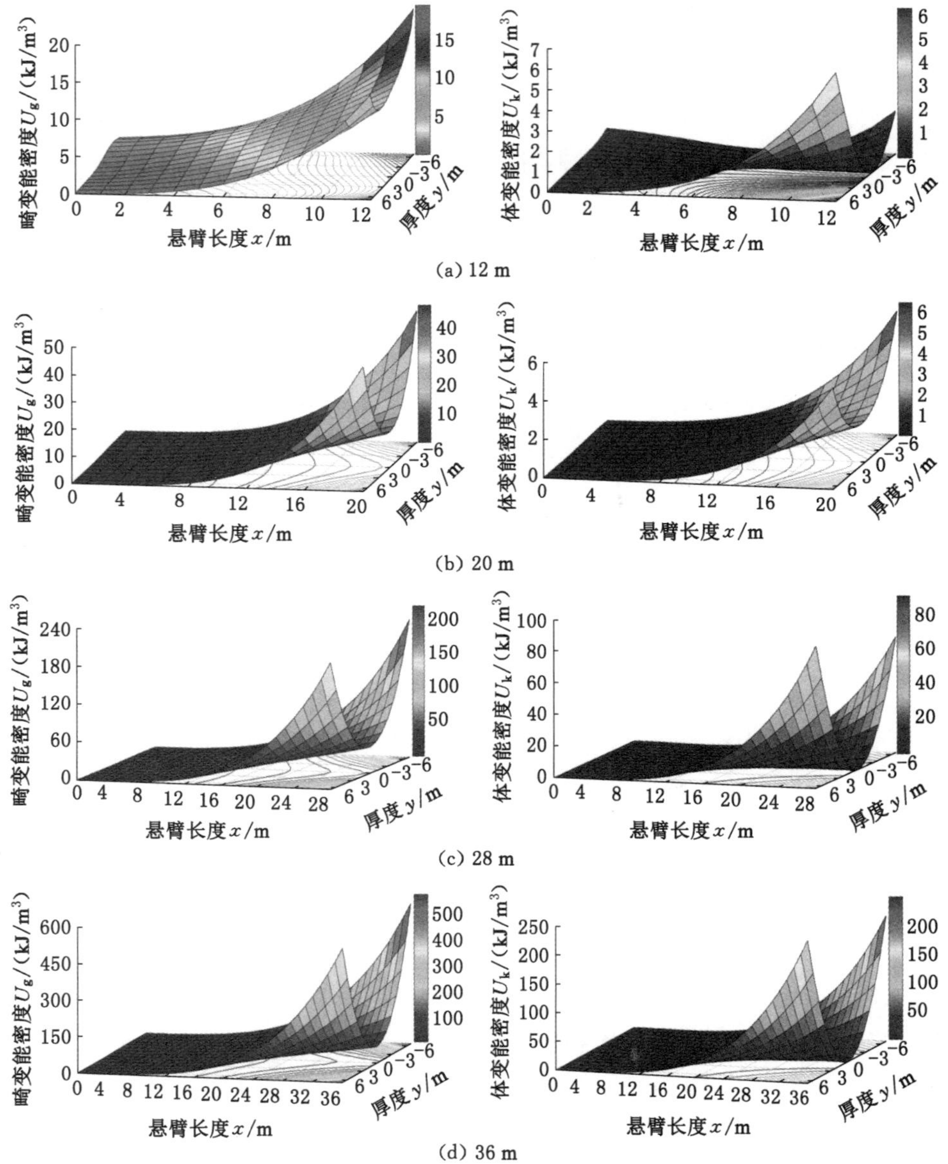

(a) 12 m

(b) 20 m

(c) 28 m

(d) 36 m

图 3-7　不同长度块体的畸变能密度和体变能密度分布云图

通过对比分析图 3-7 可以看出，畸变能密度和体变能密度与上述应变能密度分布特征相似，均是从铰接端到固定端变化越来越剧烈并在固定端角点处达到最大值。另外，对比可知应变能密度中畸变能密度所占的比例要大于体变能密度所占的比例，且块体长度越大两者的差值越大，断裂时在固定端两角点处由于挤压和拉伸引起的形状改变所释放的能量要大于体积改变所释放的能量，且块体长度越大断裂时所释放的能量越大。

3.3　裂隙通道形态及其张开度特征分析

本节在上节应力分量和应变能密度分析的基础上，着重分析了破裂迹线的形态特征，进一步分析了岩石力学参数黏聚力和内摩擦角对破裂迹线形态的影响，另外结合块体破断后的回转角度分析了所形成的裂隙通道的张开度特性，并将其与目前普遍的假设进行了对比分析。

3.3.1　破裂迹线形态特征分析

根据上节所选取的参数：周期破断步距 $L=18$ m，基本顶厚度 $h=8$ m，内摩擦角 $\varphi=30^\circ$，黏聚力 $c=25$ MPa，通过将相关参数代入 3.1 节基于莫尔-库仑屈服破坏准则推导出的破裂迹线表达式，计算得到的破裂迹线形态如图 3-8 所示，可以看出破裂迹线并不呈现“直线”形，而是在中下部存在拐点，呈现为“竖对号”状，可以推断破裂首先发生在顶部，然后向右下方扩展延伸到拐点位置，再向左下方扩展延伸到底部。

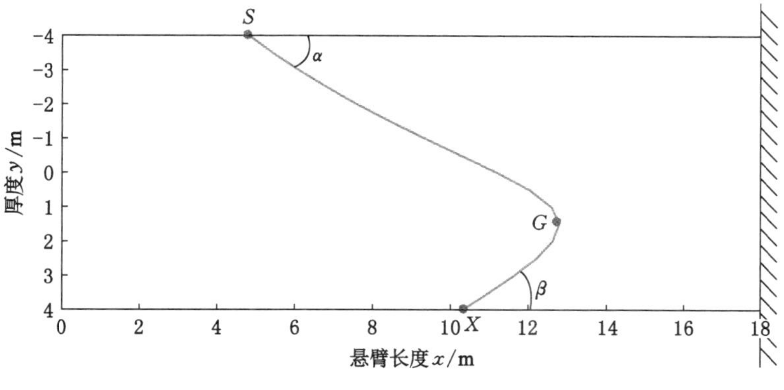

图 3-8　破裂迹线形态特征分析图

为了进一步分析破裂迹线的形态特征，根据破裂迹线的形状在岩梁上沿破裂迹线定义三个破裂特征点，如图 3-8 所示，即上起裂点 S、拐点 G 和下破断点

X，并定义两个角度，其中角度 α 为岩梁上表面与上起裂点 S 和拐点 G 连线的锐角，角度 β 为岩梁下表面与拐点 G 和下破断点 X 连线的锐角，可以通过角度进一步推断分析出采空区顶板破断角的大小。

3.3.2 黏聚力和内摩擦角对破裂迹线形态的影响

由莫尔-库仑准则可知岩体的黏聚力和内摩擦角对屈服破坏有重要的影响，因此本节着重探究它们对破裂迹线形态的影响。根据所选取的参数：周期破断步距 $L=18$ m，基本顶厚度 $h=8$ m，内摩擦角 $\varphi=30°$，当黏聚力 c 分别取 15 MPa、20 MPa、25 MPa、30 MPa、35 MPa 和 40 MPa 时，计算得到的破裂迹线形态如图 3-9 所示，所对应的破裂特征点坐标及角度见表 3-2。

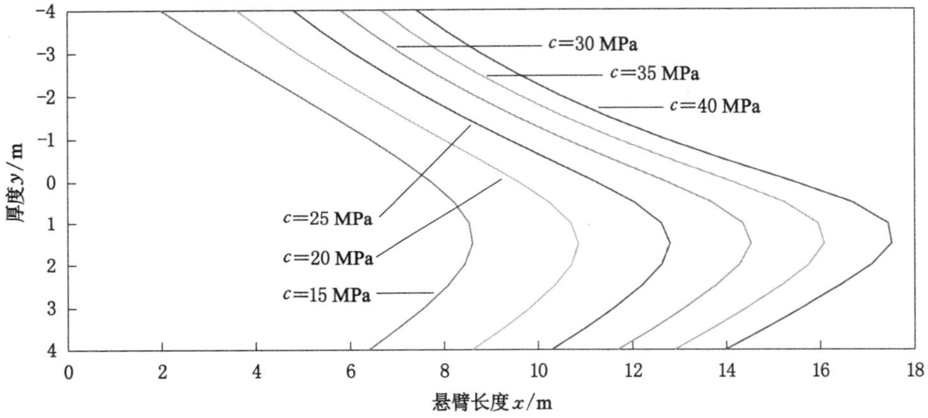

图 3-9 不同黏聚力下破裂迹线形态

表 3-2 不同黏聚力下破裂特征点坐标及角度

黏聚力 c/MPa	上起裂点 S/m	拐点 G/m	下破断点 X/m	角度 α/(°)	角度 β/(°)
15	(1.993,−4)	(8.601,1.5)	(6.392,4)	33	45
20	(3.597,−4)	(10.854,1.5)	(8.594,4)	31	42
25	(4.806,−4)	(12.796,1.5)	(10.287,4)	29	39
30	(5.802,−4)	(14.522,1.5)	(11.690,4)	27	36
35	(6.659,−4)	(16.082,1.5)	(12.904,4)	25	33
40	(7.417,−4)	(17.512,1.5)	(13.983,4)	23	31

由图 3-9 和表 3-2 可以看出，岩石黏聚力对拐点纵坐标的影响不大，不同黏聚力下破裂迹线拐点都出现在 $y=1.5$ m，但对破裂横坐标及破断角度的影响明

显：黏聚力 c 越大，破裂位置越靠后，相对应的横坐标越大，破断角度越小，随着黏聚力 c 由 15 MPa 增加到 40 MPa，顶部破裂位置到拐点位置的角度 α 由 33°减小到 23°，拐点位置到底部破断位置的角度 β 由 45°减小到 31°，可以看出黏聚力对岩体的破断位置影响明显。

为了分析岩石内摩擦角对破裂迹线形态的影响，仍取周期破断步距 $L=18$ m，基本顶厚度 $h=8$ m，黏聚力 $c=25$ MPa，当内摩擦角 φ 分别取 10°、15°、20°、25°、30°、35°和 40°时，计算所得的破裂迹线形态如图 3-10 所示，相对应的破裂特征点坐标及角度如表 3-3 所示。

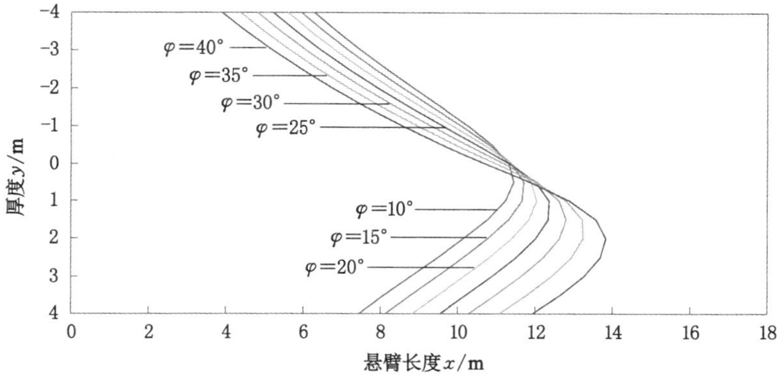

图 3-10　不同内摩擦角下破裂迹线形态

表 3-3　不同内摩擦角下破裂特征点坐标及角度

内摩擦角 φ/(°)	上起裂点 S/m	拐点 G/m	下破断点 X/m	角度 α/(°)	角度 β/(°)
10	(6.283,−4)	(11.442,0.5)	(7.450,4)	40	40
15	(5.947,−4)	(11.699,0.5)	(8.131,4)	39	42
20	(5.591,−4)	(12.033,1.0)	(8.824,4)	37	42
25	(5.212,−4)	(12.355,1.0)	(9.539,4)	37	41
30	(4.806,−4)	(12.796,1.5)	(10.287,4)	34	44
35	(4.369,−4)	(13.231,2.0)	(11.080,4)	33	42
40	(3.893,−4)	(13.827,2.0)	(11.934,4)	30	45

由图 3-10 和表 3-3 可以看出，岩石内摩擦角 φ 对破裂迹线的整体形态影响较小，破裂迹线仍然都是类似于“竖对号”的曲线，但是对破裂迹线顶部破裂位置和拐点位置的影响较大。不同内摩擦角 φ 下破裂迹线的拐点位置有所不同，随着内摩擦角 φ 越来越大，拐点位置向悬臂梁底部逼近，拐点的纵坐标越来越大，由

0.5 m 增加到 2.0 m，拐点横坐标越来越大，由 11.442 m 增加到 13.827 m；同时内摩擦角 φ 对破裂位置的影响较大，内摩擦角 φ 越大顶部破裂位置越靠前，随着内摩擦角 φ 由 10°增加到 40°，顶部相对应的起裂点横坐标从 6.283 m 减小到 3.893 m，底部相对应的破断点横坐标从 7.450 m 增加到 11.934 m，可见内摩擦角 φ 对拐点及破裂位置的影响较大。

3.3.3 不同长度块体的破断裂隙张开度对比分析

本小节我们通过将破裂迹线与岩块破断后的回转角度相结合，进一步分析了四种不同块体长度下的破断裂隙张开度特征，并与目前普遍的假设进行对比，如图 3-11 所示为破断裂隙张开度对比分析图，与其相对应的张开度统计分析如图 3-12 所示。

如图 3-11 所示为四种不同块体长度下破断裂隙张开度的对比分析图，其中所有块体的厚度均为 14 m，长度分别为 12 m、20 m、28 m 和 36 m。岩块破断后会产生回转运动，不同的块体长度对应不同的回转角度，岩块的长度分别为 12 m、

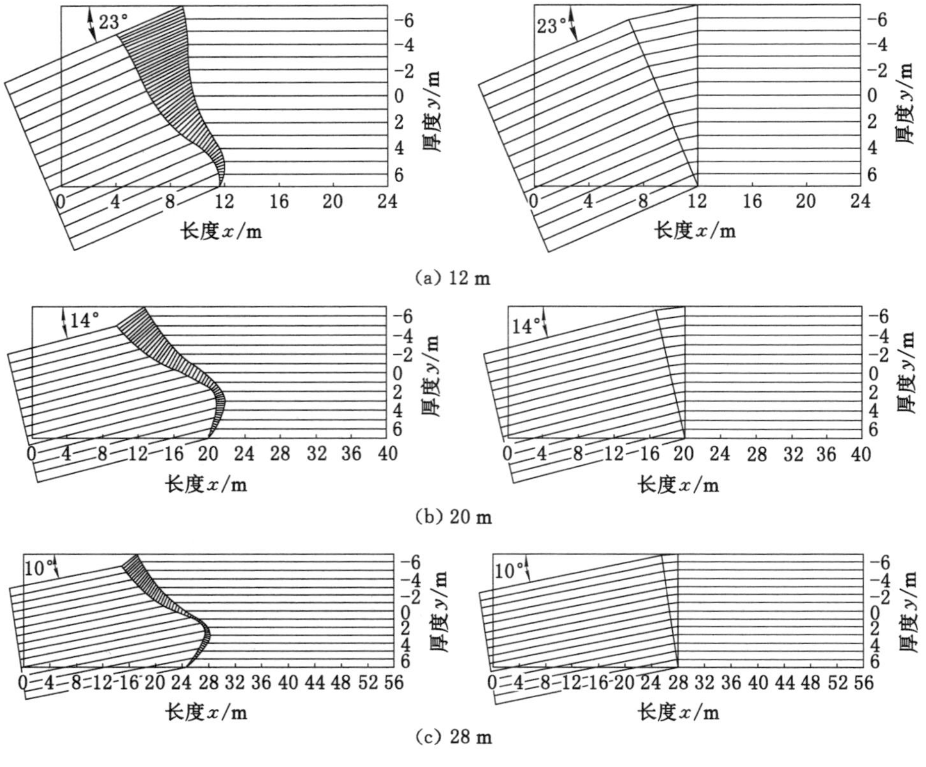

图 3-11 不同块体长度下破断裂隙张开度对比分析

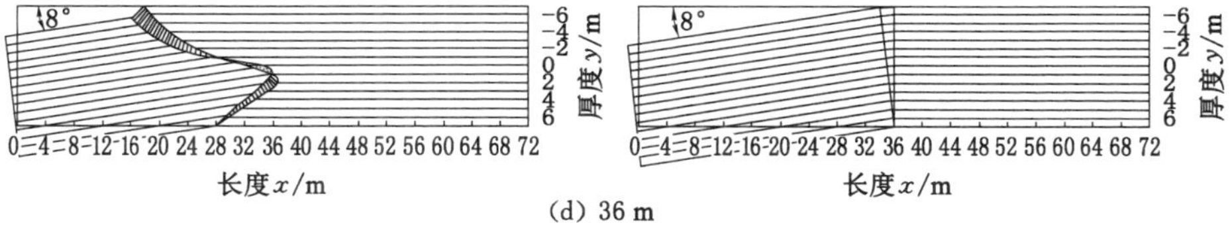

(d) 36 m

图 3-11　(续)

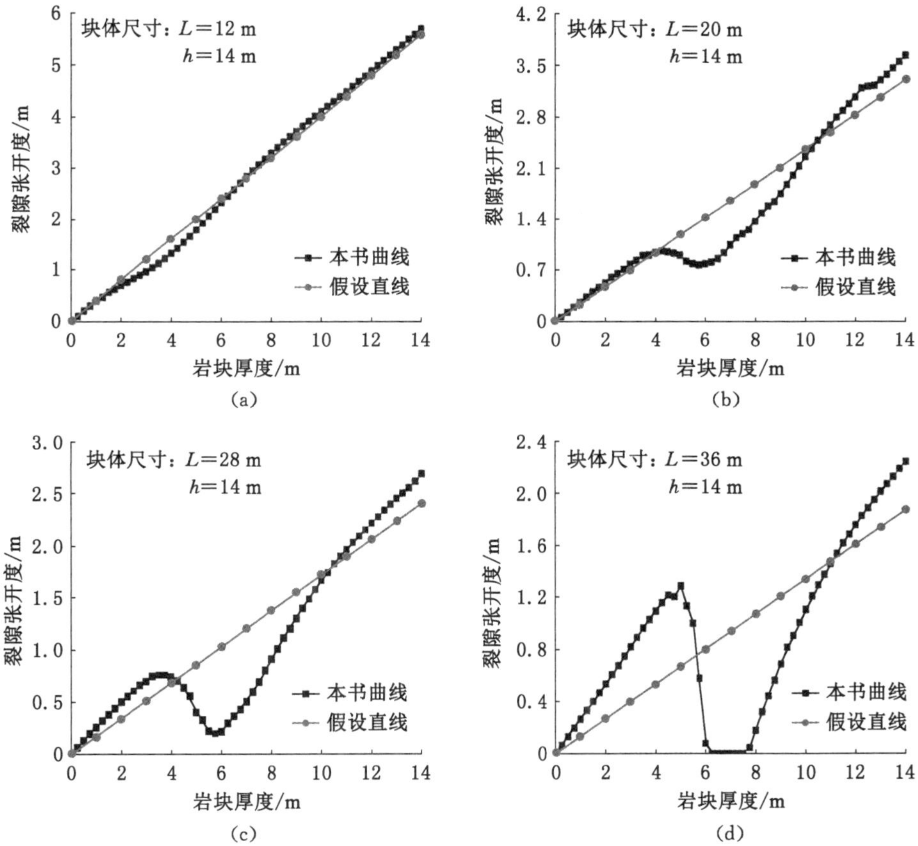

图 3-12　裂隙张开度沿破裂迹线变化图

20 m、28 m 和 36 m 时，对应的回转角度分别为 23°、14°、10°和 8°，随着块体长度的增加，回转角度减小。我们计算出的破裂迹线与目前普遍的假设(如右图所示为 90°直线)之间存在一定的差异，它是一条具有拐点的曲线，且随着块体长度的增加变得越来越弯曲。当岩块回转运动稳定时，破断裂隙将产生张开分离，我们将它们之间的相对距离定义为破断裂隙张开度，可以看出不同块体长度下沿着破裂迹线的裂隙张开度是不同的，总体而言呈现上宽下窄的分布趋势，但沿裂隙的变化趋势不相同，目前的假设为沿直线裂隙张开度呈现线性增加的趋势，而本书计算得出的裂隙张开度呈现非线性的变化趋势，由于弯曲状破裂迹线拐点的存在导致张开度大小沿破裂迹线存在阈值。

为了定量分析比较四种不同长度块体的破裂迹线在裂隙张开度方面的差异，对应于图 3-11 的破断裂隙张开度统计分析如图 3-12 所示，由图可以看出，目前的假设为直线的裂隙张开度沿迹线一直增大，而通过本书弯曲破裂迹线所计算得出的裂隙张开度呈现出了先增大后减小再增大的趋势，并且随着岩块长度的增加，这种变化趋势更加明显：当岩石块体长度为 12 m 时，随着块体厚度的增加，曲线与直线之间沿破裂迹线的裂隙张开度差异不大，在厚度为 2～6 m 范围内仅比直线小一点；当块体长度增加到 20 m 和 28 m 时，裂隙张开度的下降幅度逐渐增大，并在厚度为 6 m 处达到最低点，而在厚度为 10～14 m 的范围内整体上超过了普遍假设；当块体长度达到 36 m 时，裂隙张开度在厚度为 6～8 m 范围内减小到零，这表明该范围内的裂隙由于裂隙岩块的旋转而闭合，这比普遍的直线假设更加接近实际情况。进一步分析它们的区别可以知道，在一定角度弯曲断裂旋转之后，拐点处的开口宽度开始减小，这意味着渗流沿着破裂通道发生变化，对于研究采空区裂隙渗流具有重要意义。

3.4 本章小结

本章从弹塑性力学的角度研究了覆岩破断的力学机制，并分析了断裂后裂隙通道的张开特征，利用应力逆解法得到了内应力分量解析解，并通过实例进一步分析了四种不同块体长度的岩块应力分布及裂隙张开度特征，主要结论如下：

(1) 本章在充分考虑周期破断岩层荷载条件的基础上，同时考虑铰接点处的水平推力和竖向剪切力作用，建立了线性增压荷载悬臂梁模型，根据弹性力学应力逆解法，采用叠加原理，推导了线性增压荷载下悬臂梁内应力分量解析式，同时在考虑岩体自身特性的基础上，基于莫尔-库仑剪切屈服破坏准则，推导了周期破裂迹线隐函数方程，并通过 MATLAB 软件计算绘图，确定了悬臂梁周期破裂迹线呈“竖对号”的形态。

(2) 主应力分布云图、等效应力、等效应变分量、应变能密度的等值线都呈现弯曲状，说明在破裂的过程中裂纹会发生偏转，结合破裂迹线形态可以看出，基本顶悬臂梁首先在岩梁上表面发生破裂，然后向右下方扩展至拐点，最后从拐点扩展到岩梁下表面发生断裂，其中拐点的位置与岩层的黏聚力和内摩擦角有关，黏聚力对拐点纵坐标的影响不大，对拐点横坐标影响明显，黏聚力越大横坐标越大，同时内摩擦角越小，拐点距离岩梁上表面越近。

(3) 破裂迹线的形态与先天开采条件及岩层自身的力学特性相关，涉及的开采参数主要有采高、直接顶厚度、碎胀系数和岩层厚度，相关的岩层参数有内摩擦角、黏聚力及容重，同时还与周期破断步距和超前增压荷载有关。另外，通过对比分析不同块体长度下的破裂迹线可以看出，随着长度的增加回转角度越来越小，相对应的张开度也有所不同，回转后的张开度沿破裂迹线呈现先增大后减小再增大的趋势，这有利于确定采空区的主渗流通道，同时对于进一步预测破断裂隙的突水渗流具有重要的意义。

第4章 三轴加卸载作用下原生裂隙岩体渗流特性研究

在开采扰动条件下裂隙岩体的渗流特性对于水、气的运移具有重要的影响，地下工程的开挖卸载作用引起围岩应力的减小，改变了裂隙岩体的应力状态，裂隙开度会随之发生改变，这进一步促进了水、气向采空区的运移，而对于导渗通道来说这是一种卸载作用下裂隙岩体应力-渗流相互耦合的过程，其中围岩应力的大小会引起裂隙面张开度的改变进而影响渗流，而裂隙面的粗糙度对渗流路径及其导渗特性也有重要的影响。

因此，在获得原生裂隙岩体的条件下，本章首先运用三轴多场耦合试验压力机开展了加卸载条件下的渗流试验，着重研究了不同围压、不同渗透压下原生裂隙岩体的渗流特性，然后在此基础上通过形貌扫描仪对每个试件裂隙面的粗糙度进行了分析，并将扫描数据导入数值模拟软件，分析了流体沿粗糙裂隙面的渗流场分布，这为研究加卸载条件下水、气的运移提供了有益参考。

4.1 试验试件及流程

裂隙岩体试件的加工制作难点在于裂隙的预制，目前大部分研究主要通过劈刀将完整试件劈裂而得，还有部分裂隙岩体通过3D打印裂隙面然后浇筑而来，通过这些方法获取的裂隙岩体虽然能够保证一致性，但其是否能够反映现实工程中存在的裂隙岩体值得商榷。而本试验所使用的原生裂隙岩体试件可以说是可遇而不可求，它是通过大量的现场顶板钻孔取心而来，在这其中发现砂岩岩心存在原生裂隙，虽然它们在裂隙角度、粗糙度和起伏度等方面各具异性，但基于此开展试验所获得的数据更加接近现场实际，接下来对试件制备及其试验流程分别进行介绍。

4.1.1 试件制备

本节主要介绍原生裂隙岩体的来源及其加工制作的过程。如图4-1所示，试验所用的试件取自山西省晋城市沁水县胡底煤矿3#煤层顶板砂岩，其埋深在

400～550 m，在井下通过对顶板进行钻孔取心得到原始样品，然后将其按照距离进行编号并包装运送到实验室进行加工，发现其中有较多坚硬的砂岩存在原生贯穿裂隙，我们将其中满足长度尺寸要求的挑选出来[图 4-1(c)]，按照国际岩石力学学会(ISRM)推荐的标准进行加工制作[296-297]。为了防止加工过程中损坏试件，用胶带将其紧密缠绕，通过切割、磨平等工序将其制作成含有贯穿裂隙的 8 个标准试件，为了方便记录，将其编号为 S1～S8，所有样品的直径为 50 mm、长度为 100 mm，两端端面平整度小于 0.01 mm，垂直度偏差不超过 0.25°。另外，需要指出的是，其所对应的完整砂岩的岩石力学基本参数测试结果如表 4-1 所示。

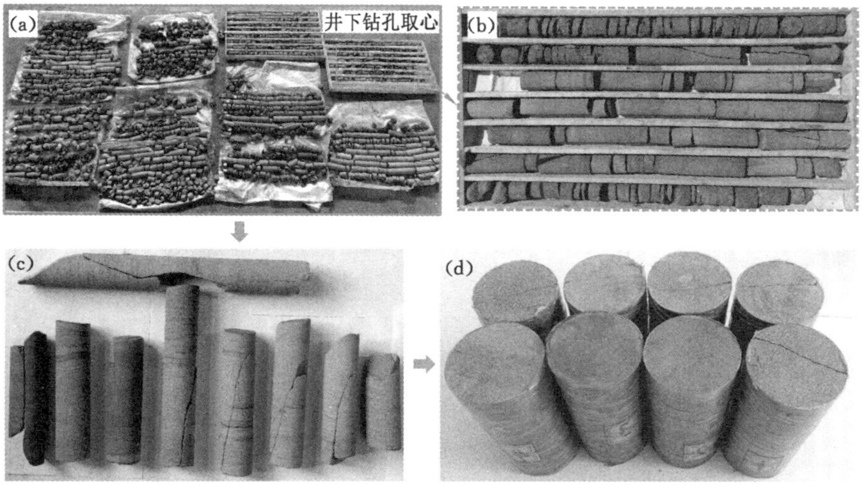

图 4-1　试件加工制作示意图

表 4-1　砂岩基本力学参数表

编号	试件尺寸		密度	单轴抗压强度	弹性模量	泊松比 ν
	直径/mm	长度/mm	ρ/(kg/m^3)	σ_c/MPa	E/GPa	
1	50.01	100.01	2.57	63.31	4.98	0.15
2	50.00	100.02	2.49	65.28	4.58	0.16
3	50.02	99.99	2.65	58.72	4.87	0.14
4	49.98	100.02	2.58	64.52	4.68	0.17
5	49.99	100.00	2.68	62.35	4.75	0.18
6	50.00	100.01	2.59	62.84	4.77	0.20

需要指出的是，试验测试前将包裹的胶带拆除掉，首先对其裂隙面进行三维形貌扫描，然后经过抽真空饱水处理后进行渗透试验，每一步处理的具体内容在下面进行详细介绍。

在试件加工制作完成后进行渗流试验之前，如图 4-2 所示对试件进行进一步处理。首先在试件裂隙面喷涂一层白色显像剂，该显像剂具有易水洗的特点，不会对裂隙面形态产生影响，待其晾干后，采用北京天远三维科技有限公司生产的 OKIO-H-200 型扫描仪对裂隙面形貌进行三维扫描，获得裂隙面的几何形态特征，为裂隙面粗糙度分析做准备；然后将试件放入抽真空箱中抽真空，随后进行饱水处理，浸泡 24 h 后拿出试件并将其表面擦干，将其置于透水压头和底座之间（多孔筛板在试件和上下压头之间，保证均匀施压和渗流），通过绝缘胶带将它们固定在一起，然后用热缩管将其套住，运用热吹风从中间向两端均匀吹烤，使其与试件紧密贴合；最后将这一整体安装在渗流试验机的围压腔内，安装相应的环向引伸计、轴向引伸计等监测设备，并检查传感器的灵敏性和渗流通道的流通性，按照试验步骤进行渗流试验。

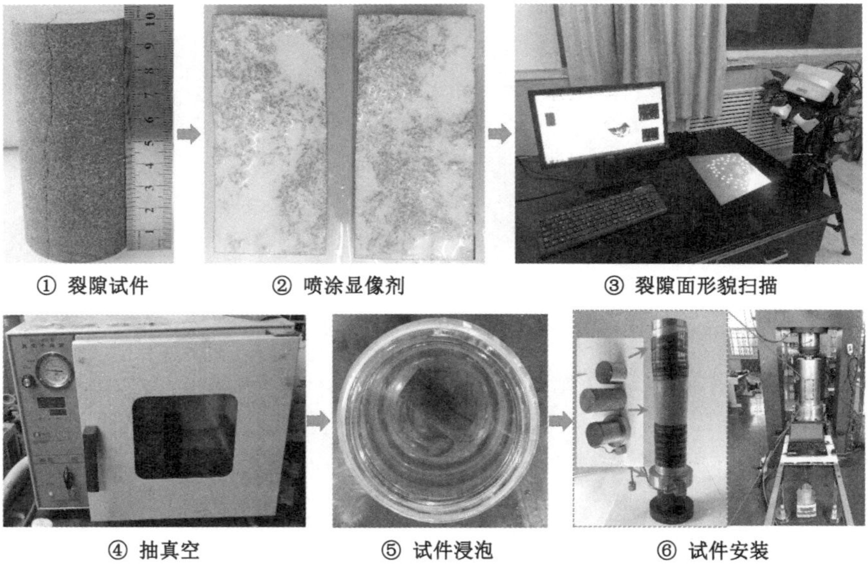

图 4-2　试件处理流程

4.1.2　加卸载渗流试验方案

在对原生裂隙试件进行加卸载渗流试验的过程中，需要设定相对应的应力水平及加卸载路径。在加载试验过程中始终使轴压与围压保持一致，这样做的目的一是使渗透压头与试件顶部紧密贴合，二是防止过大的围压对轴向压头造成损坏。初始加载时首先对试件施加 0.1 MPa 的轴压进行预压，然后向围压腔内充液压油并分别将围压和轴压施加到预定值，然后根据设定的参数施加渗透压力，待渗流稳定后记录时间和流量，然后逐级增加渗透压，以此类推，需要说明的是随着渗透压的增大其测试间隔也逐渐增大；测试过程中围压水平由 2 MPa 分级增加到 32 MPa，当某一围压水平下的渗透测试结束后，施加轴压和围压至下一个应力水平，然后再施加相对应的渗透压值，以此类推，直到围压为 32 MPa、渗透压为 28 MPa，此时加载路径下的测试结束，转至卸载路径下继续试验。

卸载过程中保持渗透压不变，然后逐级减小围压进行卸载条件下的渗流测试，首先将渗透压减小到卸载等级的最大值 24 MPa，围压由 32 MPa 减小到 26 MPa，待渗流稳定后再将渗透压卸载到下一等级，继续卸载围压到相对应的参数。

如图 4-3 所示为裂隙渗流试验过程中加卸载路径示意图。

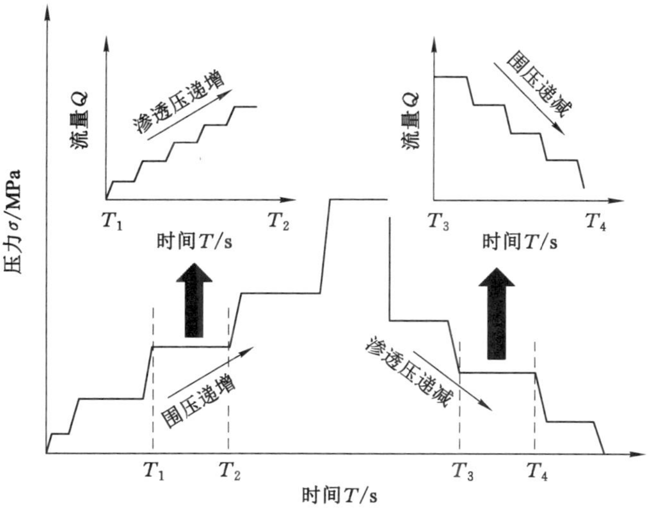

图 4-3　加卸载路径示意图

由图 4-3 也可以看出渗流试验从开始到结束的整个过程，其中：加载条件下围压设定 5 个不同的应力水平，在各自的围压下测试渗透压不断加载过程中的渗流流量；卸载条件下设定 4 个不同的渗透压力，然后在各自的渗透压下测试围压不断卸载过程中的渗流流量。

4.1.3 试验系统及测试过程

本渗流试验采用的设备是由太原理工大学与长春市朝阳试验仪器有限公司联合研制的 TAJW-2000 型多场耦合微机电液伺服岩石三轴试验机，渗流试验设备及其系统如图 4-4 所示。该试验系统由伺服压力机、增压系统、控制系统和数据采集及控制电脑组成，包括轴压加载模块、围压加载模块和孔隙压加载模块，其中伺服控制压力加载模块最大轴向荷载可达到 2 000 kN，最大围压值为 100 MPa，最大孔隙压力为 40 MPa，测量精度不大于±1%，压力机机架的加载框架具有足够的刚度，在测试过程中不会突然释放积累的弹性能，能够保证完成岩石试件全应力-应变曲线的测试。

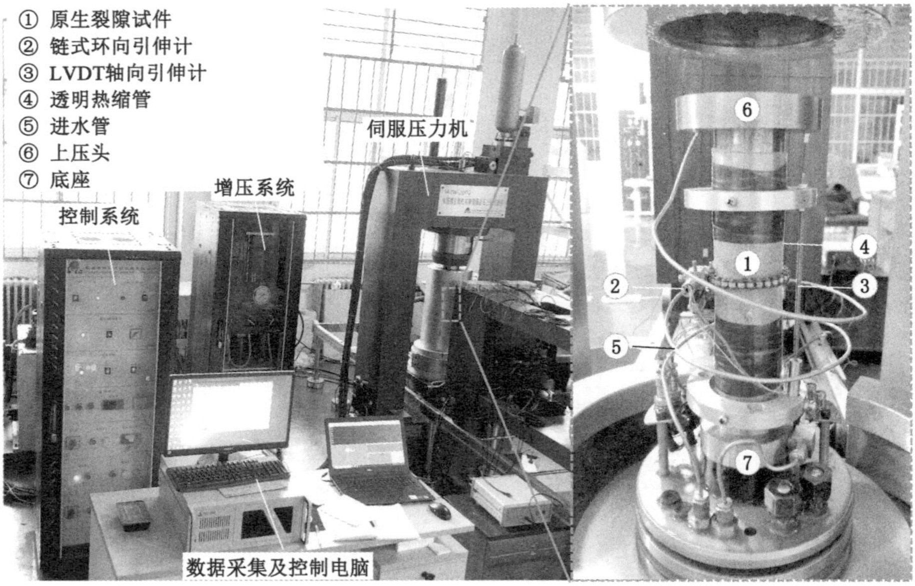

图 4-4　渗流试验设备及其系统图

另外，试验系统中轴压加载可以实现轴向位移加载和应力加载两种控制模式，分别采用线性可变差动变压器(LVDT)轴向引伸计和链式环向引伸计测量试件变形过程中的轴向应变和环向应变，其在测量过程中变形的范围分别为 0～5 mm 和 0～3 mm，满足煤岩体的变形破坏范围。

渗流模块由水箱、柱塞泵、压力传感器以及渗流管道等组成，最大渗透水压力可达 40 MPa，最大蓄水量为 200 mL，其中水流通过柱塞泵和渗流管道进入透水上压头，然后流经试件裂隙，从试件上端流到试件下端经底座流出，通过电子天平实时记录出口端的水流量，试件上端渗透水压力为 p，出口端压力为大气压，以此可以计算得到渗透压力与流量之间的关系。

渗流试验具体步骤为：将试件与上下渗透压头及热缩管组装完毕后，置于三轴围压腔底座中央位置，分别安装轴向引伸计和环向引伸计，并使环链位于试件的中上部，使轴向引伸计保持垂直，检查引伸计是否正常，连接并检查渗流道路的通畅性。试验过程中轴压与围压保持一致，同时为了避免流体从热缩管侧壁渗漏，试验中围压值始终比最大的孔隙渗透压大 0.5～2 MPa。接下来以围压 8 MPa 下的渗透试验为例对操作步骤进行说明：

（1）首先以 0.06 mm/min 的位移速率预加载 0.5 MPa 的轴压，然后通过应力控制方式以 0.05 MPa/s 的速率将围压加载到 8 MPa，围压稳定后接着以 0.06 mm/min 的位移速率将轴压加载到 8 MPa。

（2）将渗透压以 0.1 MPa/s 的速率加载到初始设定值 0.2 MPa，在渗流过程中通过秒表判定相同时差内天平质量变化从而判定是否渗流稳定，等到渗流稳定后以相同的速率将渗透压增加到下一级，以此类推，测试固定围压条件下渗流流量随渗透压力的变化。

（3）卸载过程：由于加卸载贯穿试验的全过程，始终要保持渗透压小于围压的条件，因此卸载过程中渗透压随着围压的减小逐级减小，例如在渗透压为 18 MPa 时测试围压由 26 MPa 减小到 20 MPa 时的渗流流量；然后再将渗透压减小到 12 MPa，测试围压由 20 MPa 减小到 14 MPa 时的渗流流量；最后将渗透压减小至 3 MPa，测试围压由 12 MPa 减小到 4 MPa 时的渗流流量。

（4）在测试过程中将自动监测并保存数据，根据试验数据得到不同渗透压差 Δp 下的出口流量 Q，绘制不同围压及不同渗透压下渗流流量和渗透压差的曲线。

4.2　裂隙岩体渗流特性分析

根据前文所述，试验完毕后对所采集的渗透压差、渗流流量等数据进行统计，分析粗糙裂隙的水力耦合特性，以揭示不同围压、不同渗透压下原生裂隙岩体的渗流规律。

4.2.1　加载路径下渗透压对渗流特性的影响

如图 4-5 所示为 S1 试件在加载过程中不同围压作用下出口流量随渗透压变化的曲线，通过对渗透压 p 与渗流流量的数据进行拟合来描述原生裂隙渗流规律，由图可以看出不同围压条件下的流量随渗透压的增加均在增加，但是曲线增长的变化规律存在明显的区别，其中：在围压为 2 MPa 的条件下，渗流流量随渗透压的增加呈现阶梯状增长趋势，运用幂函数对数据进行拟合，拟合度 R^2 达

0.945 7。当围压为 10 MPa 时，渗流流量随渗透压的增加呈现明显的线性变化，表现出明显的达西渗流特征。随着围压的继续增加，渗流流量逐渐偏离线性而呈现非达西渗流特征：当围压为 18 MPa 时，渗流流量随渗透压的增加逐渐发生偏转，脱离线性变化，其形状呈现下凹状，且运用指数函数能够对数据进行很好的拟合；当围压达到 25 MPa 时，渗流流量与渗透压曲线存在明显的转折点，当渗透压小于 18 MPa 时，渗流流量随渗透压呈线性增长，但其增长率很低，当渗透压大于 18 MPa 时，渗流流量依然呈现线性增长，但斜率出现了明显的变化，增长率出现了明显的增加，故以转折点为界，采用双线性函数能够对数据进行拟合。

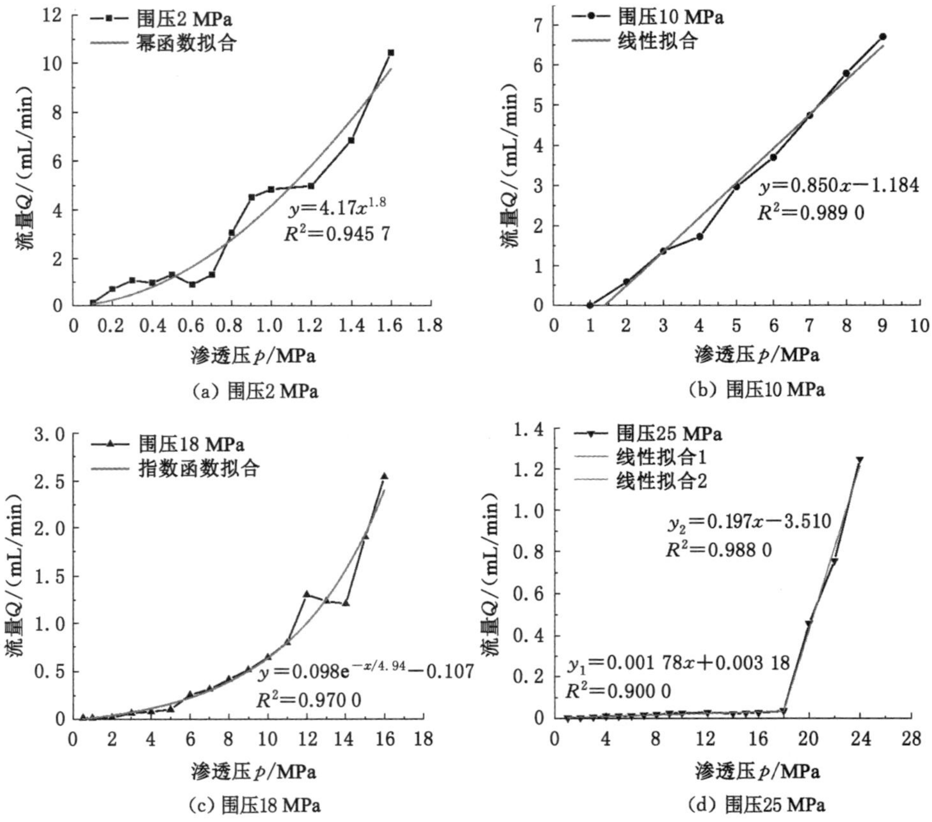

图 4-5　不同围压作用下出口流量随渗透压变化的曲线（S1 试件）

另外，通过分析还可以看出，随着围压的不断增加，出口的渗流流量在不断减小，将上述不同围压下的曲线绘制在一个图中，如图 4-6 所示，可以明显地看出，在各个固定围压下渗流流量随渗透压的增加在不断增加，但随着围压的增加其最大渗流流量在不断降低，当围压为 2 MPa 时最大渗流流量为 10.5 mL/min，而当围压为 32 MPa 时最大渗流流量为 0.14 mL/min，出现了明显的大幅降低，这是裂隙面上渗流场与应力场相互耦合作用的结果，围压的增大会导致裂隙闭合，渗流通道减小，可见围压对于裂隙的张开度具有一定的控制作用。另外，不同的围压条件下渗透压与围压对渗流流量的影响程度不同，在低围压条件下渗透压对渗流流量的影响更大，而在高围压条件下，只有当渗透压接近围压时渗流才会发生，并且渗流的流量也远低于低围压条件下的。

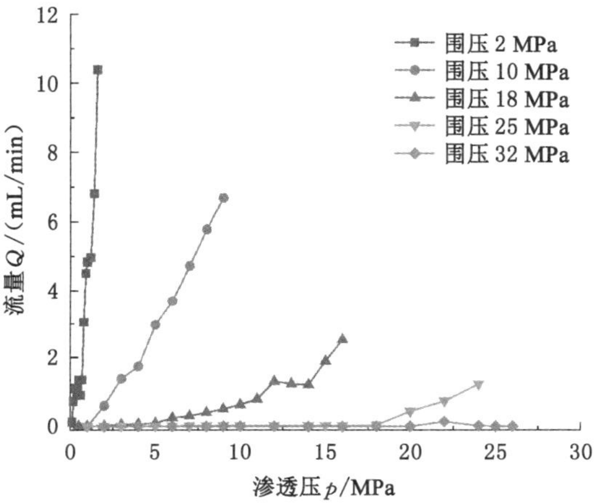

图 4-6　不同围压下渗流流量随渗透压变化趋势图

4.2.2　卸载路径下围压对渗流特性的影响

当加载完毕后按照试验流程转入卸载渗流试验，根据试验数据分别绘制出卸载条件下流量随围压的变化曲线，如图 4-7 所示。需要说明的是，由于图 4-7(a)和(b)所施加的最大围压水平较低，因此在卸载时只将渗透压分了一级，而图 4-7(c)和(d)所施加的最大围压水平相对较高，所以在卸载时将渗透压进行分级卸载。其中图 4-7(a)为在加载过程中围压为 2 MPa、渗透压为 1.6 MPa 测试结束后，将渗透压固定为 0.5 MPa 保持不变，然后围压由 2 MPa 逐级减小至0.8 MPa 所绘制的渗流流量随围压变化的曲线，可以看出随着围压的逐渐减小，渗流流量在逐渐增大，并呈现指数增长的趋势。图 4-7(b)为围压加载至10 MPa、渗透压为 8 MPa 测试后，将渗透压固定为 3 MPa，分别减少围压所得的渗流流量曲线，可以看出随着围压的逐渐减小，渗流流量先减小后增大，其变化趋势可以通过 Boltzmann 函数很好地拟合。图 4-7(c)为围压为 18 MPa、渗透压为 16 MPa 测试后，分别将渗透压卸载至 12 MPa 和 3 MPa 两个水平，分别减小围压获得的渗流流量曲线，可以看出在渗透压为 12 MPa 下的渗流流量明显大于渗透压在 3 MPa 下的，且它们的变化趋势相同，在两个渗透压水平下渗流流量均随着围压的减小呈现先减小后增加的变化趋势，区别只是升高降低的幅度存在差别。图 4-7(d)为在围压为 25 MPa、渗透压为 22 MPa 测试后，将渗透压分为 18 MPa、12 MPa 和 3 MPa 三级水平，分别减小围压所得的渗流流量曲线，可以看出渗透压越大对应的渗流流量也越大，当渗透压为 18 MPa 和 12 MPa 两个应力水平时，随着围压的减小渗流流量均整体呈现先减小后增大的趋势，当渗透压降低到 3 MPa 时，渗流流量随着围压的减小逐渐升高，呈现明显的指数型增长变化。

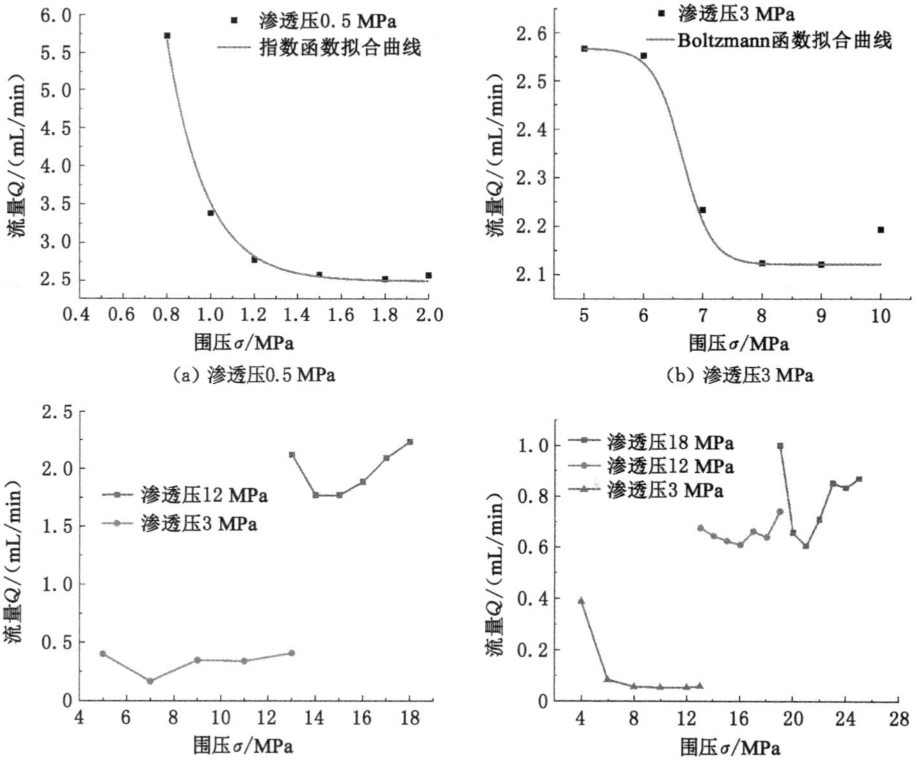

(a) 渗透压0.5 MPa　(b) 渗透压3 MPa

(c) 二级卸载　(d) 三级卸载

图 4-7　卸载路径下出口流量随围压变化的曲线

另外，通过对比不同卸载路径下渗流流量的变化曲线(图 4-8)还可以看出，加载路径下的围压水平对于各渗透压下的渗流流量存在明显的影响，加载过程中所受到的围压越大，卸载过程中不同渗透压所对应的最大渗流流量越小，当渗透压为 3 MPa 时，历史加载围压水平为 10 MPa 下的渗流流量平均为 2.3 mL/min，历史加载围压水平为 18 MPa 下的渗流流量均值为 0.34 mL/min，历史加载围压水平为 25 MPa 下的渗流流量均值进一步降低为 0.11 mL/min。另外，通过对比渗透压水平为 12 MPa 下的两条曲线也得到相同的规律，其中历史加载围压为 18 MPa 下的渗流流量也明显大于历史加载围压为 25 MPa 下的。这说明在加载过程中，由于围压的作用所产生的闭合裂隙在卸载的过程中并没有完全恢复到加载时的水平，其中部分裂隙依然处于高围压下闭合的状态，造成了卸载过程中的渗流流量明显降低的现象，这与相关文献中加载过程的渗透系数明显高于卸载过程的结论相符。

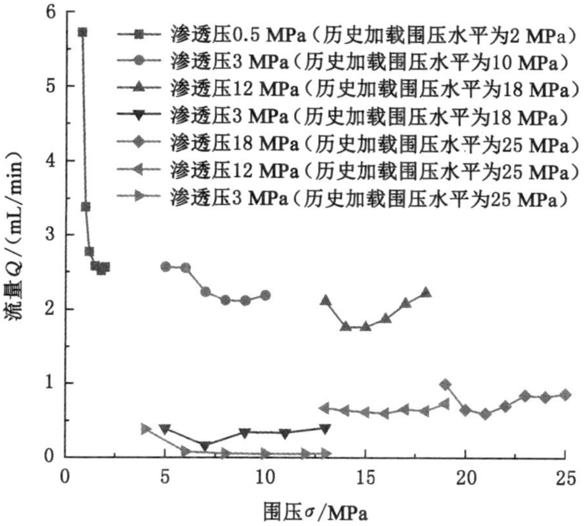

图 4-8　不同渗透压下渗流流量随围压变化趋势图

通过对比加卸载条件下渗流流量的变化可以看出，围压与渗透压对原生裂隙渗流特征的影响存在不同，其中在加载路径条件下，在较低的围压区间内渗透压对渗流流量变化的影响程度明显大于围压对渗流流量变化的影响程度，而在高围压区间内渗流流量明显降低，此时渗透压对渗流流量的影响程度明显降低，只有当达到一定的值时渗流流量才会出现明显增加。

在卸载路径条件下，各渗透压下的渗流流量明显低于加载路径时的，这说明历史应力水平对裂隙的开度产生了不可逆的影响，围压的作用使裂隙进一步闭合从而使渗流的面积减小，而在卸载过程中渗透压力没有达到历史水平，难以将这些闭合的裂隙恢复原样，进而导致卸载时的渗流流量低于加载时的，因此历史加载水平对渗流流量的变化具有较大的影响。

另外，粗糙裂隙面的三维几何形貌特征、节理粗糙度、接触面积等也会对渗流路径产生一定的影响。

4.3 岩石裂隙面三维形貌特征及渗流路径分析

上节已对加卸载过程中原生裂隙在不同围压、不同渗透压下的渗流特性进行了分析，但由于整个渗流过程中试件始终处于封闭的围压腔内部，无法直接观察到裂隙面上的渗流分布情况。因此，为了进一步分析粗糙裂隙几何特征对渗流的影响，本节根据三维扫描仪得到的点云数据，首先对裂隙面进行了重建，分析了裂隙面的三维形貌特征，并采用参数表征法计算了定量描述粗糙度的相关参数，然后在此基础上运用 COMSOL 软件对流体沿裂隙面的渗流进行了模拟分析。

4.3.1 三维几何形貌特征

传统的二维轮廓线分析由于能够在一定程度上表达二维粗糙特性而得到了广泛应用，但其不能反映裂隙面的整体特征，因此有必要对三维裂隙面进行三维表面形貌描述及参数化定量分析评定。如图 4-9 所示为本章试验所用的 8 个裂隙试件的裂隙面，在扫描之前对裂隙表面喷洒显像剂来进行消光处理，这种无光泽的亚白色涂层能减小光束反射的差异，从而提供更加理想的扫描质量和精度。

图 4-9　裂隙试件原生裂隙面

扫描完成后对裂隙面的点云数据进行重建处理，由于不同角度的多次扫描导致生成的裂隙面形貌偏离水平面，且裂隙面边界与坐标轴不平行，因此需要将扫描后的点云数据导入逆向工程软件 NX Imageware 中进行可视化，并对其进行一系列的操作处理，具体操作步骤为：首先通过旋转命令调整方向，使两个边缘分别与 X、Y 坐标轴对齐，Z 轴表示为粗糙凹凸面的方向；然后通过圈选点命令将边缘多余的部分进行删除，使其形成规整的长方形裂隙面，如图 4-10 所示；最后将点云数据进行合并后导出，在 Excel 中进行坐标归零处理，之后通过 Surfer15 软件进行三维绘图，生成上文所述的 8 个原始裂隙面经扫描处理后的三维几何形貌图，如图 4-11 所示。

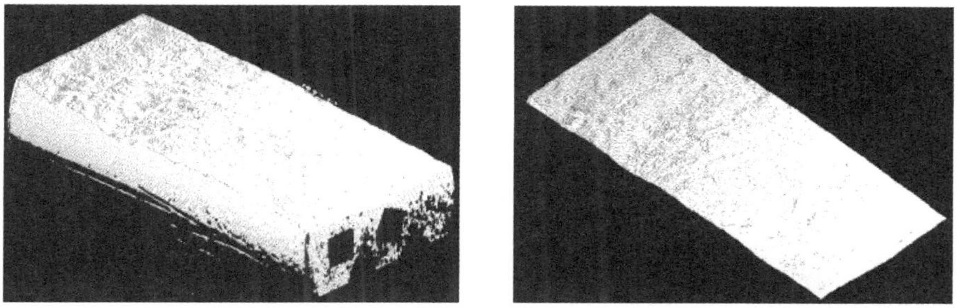

(a) 原始扫描数据　　(b) 规整裂隙面

图 4-10　点云数据处理分析图

原生裂隙试件沿裂缝分为两半，存在两个裂隙面（左面和右面），在数据处理及重建的过程中发现这两面吻合程度较高，因此我们取其中一面来进行分析。另外，通过与原始裂隙试件表面对比也可以看出，扫描重建的结果能够较好地呈现出裂隙面的形貌特征，其中 S5 试件和 S8 试件表现得尤为突出，S5 试件左下角裂隙面向上发生的偏转和 S8 试件中部存在的不连续面均得到了良好的呈现。

通过三维几何形貌图 4-11 可以看出，裂隙表面高低起伏、凹凸不平，利用颜色变化来表示起伏高度的变化。各个试件起伏变化程度有所不同，相对来说：S1、S5、S7 和 S8 试件起伏变化较大，其中 S5 试件最大起伏高度达 15.46 mm；与之相比，S2、S3、S4 和 S6 试件的起伏变化程度较小，其中 S3 试件的最大起伏高度仅为 2.79 mm，整体上表面较为平整，凹凸起伏变化不大。

由于各个试件的不同，凸体所在的位置各有差异，且所占的比例也不尽相同，其中：S1 试件的凸体主要集中在左上角的区域；S2 试件的凸体主要集中在左下角和中部；S3 试件的凸体出现在底部区域，且所占的比例较小；S4 试件的凸体呈现出由右下角向左上方蔓延的状态，且所占的比例较大；S6 试件的凸体出现在中部，裂隙面整体呈现出两端低中间高的形态；S7 试件的凸体则主要集

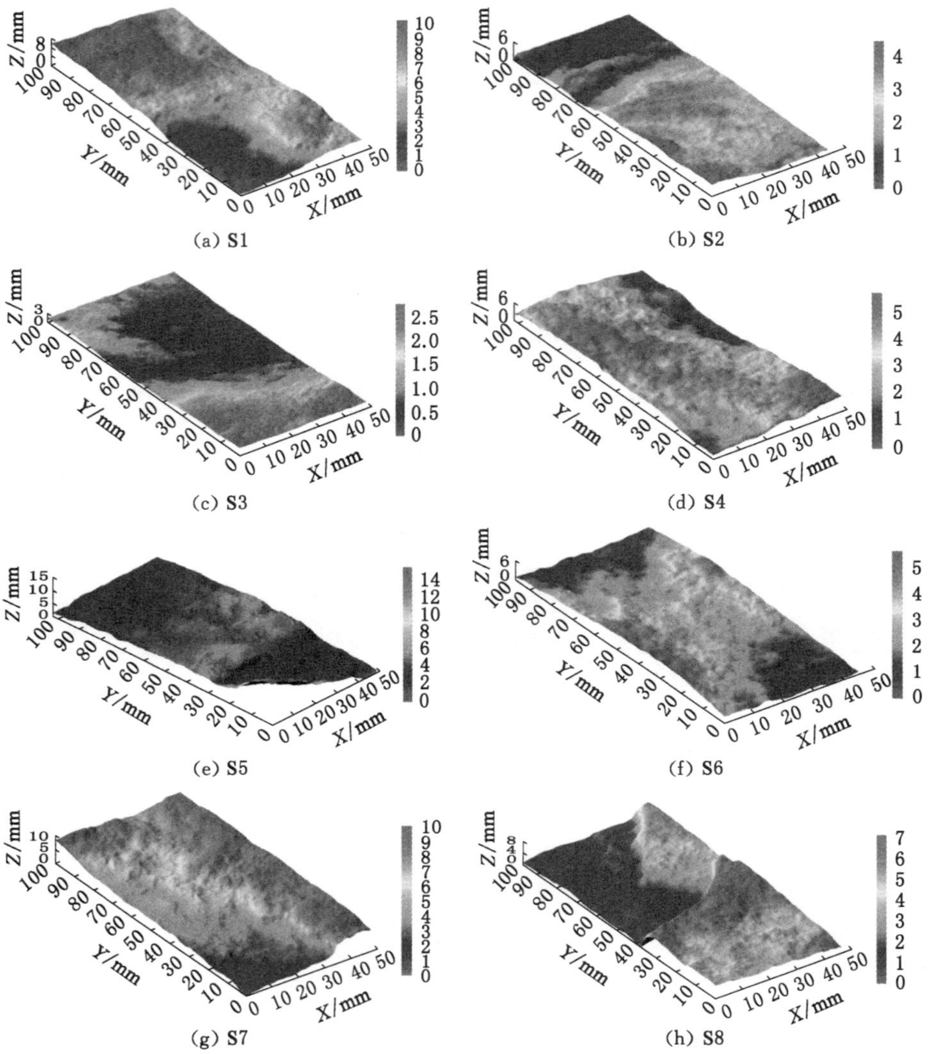

(a) S1　(b) S2　(c) S3　(d) S4　(e) S5　(f) S6　(g) S7　(h) S8

图 4-11　原生裂隙面三维几何形貌图

中在右侧区域，呈现出左低右高的形态。还可以看出大部分试件起伏呈现连续变化，裂隙面的形貌可能与试件在破坏时的起裂位置、扩展方向以及最终的破坏模式密不可分。

通过对圆柱体试件裂隙面的分布形态进行分析可以看出：S2～S4 试件裂隙面均出现在试件中部，破裂模式以劈裂破坏为主，该类试件的起伏程度较小；S6 和 S7 试件裂隙面为上下贯穿的倾斜面，破裂模式以剪切破坏为主，其起伏程度相对有所增加；S1 试件破裂面出现了偏转，说明在破裂过程中方向发生了改变，该类试件的起伏程度较大；S8 试件裂隙面呈现为不连续面，在试件中央起伏程度出现了明显的增加，这也是与其他试件不同的地方，推测其破坏模式可能是扭转破裂，该类试件的起伏程度取决于不连续破断的凸起情况，这也势必会对渗流路径产生一定的影响。

为了将三维粗糙度系数与巴顿（N. Barton）统计提出的标准的二维粗糙度轮廓线进行对比分析，根据上述三维几何形貌图进行提取分析。首先在生成三维形貌图的基础上，提取分析沿短边不同位置处的剖面轮廓线。沿裂隙面的横坐标方向选取 $X=5$ mm、$X=15$ mm、$X=25$ mm、$X=35$ mm 及 $X=45$ mm 位置，每个试件取 5 条轮廓线，如图 4-12 所示为所提取绘制的裂隙面二维轮廓线。

通过图 4-12 所提取的各剖面轮廓线可以看出，裂隙表面呈高低起伏不平的状态，其中横坐标为试件的高度 100 mm，采样间距为 0.25 mm，纵坐标为裂隙面起伏的高程值，从左到右依次反映出试件底部到顶部裂隙起伏变化的过程，通过将其与标准的二维粗糙度轮廓线进行对比分析可以得到粗糙度的大致范围。因此，为了定量分析上述二维剖面轮廓线的几何特征，我们采用平均高度 Z、整体起伏角度 α、分形维数 D、均方根一阶导数 Z_2 和节理粗糙度系数 JRC 等参数对其进行统计分析，如表 4-2 所示。

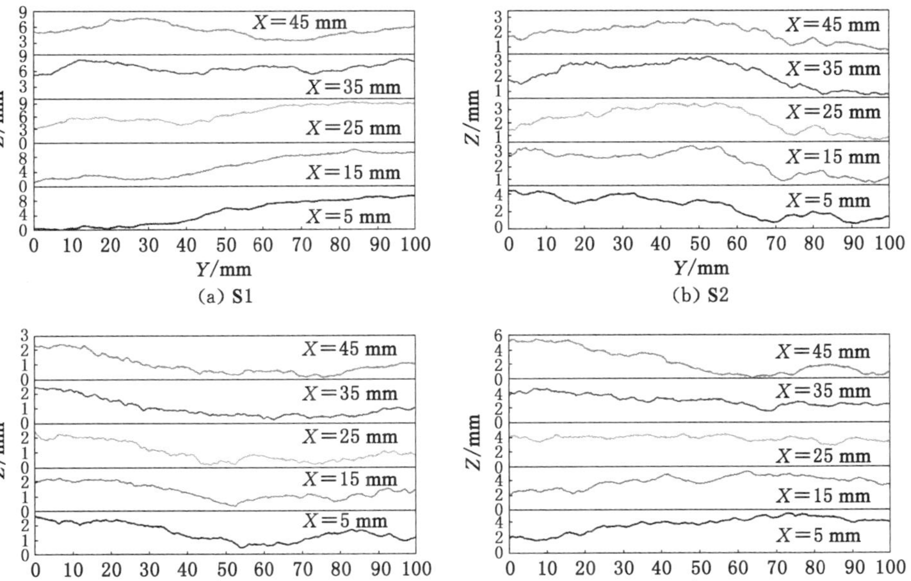

图 4-12　原生裂隙剖面二维轮廓线

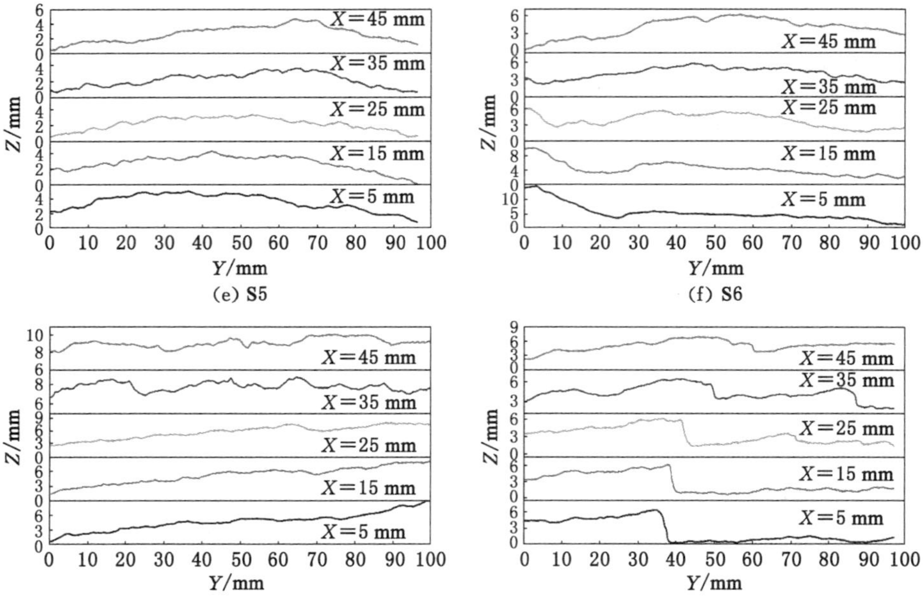

(e) S5　(f) S6　(g) S7　(h) S8

图 4-12　(续)

表 4-2　二维剖面轮廓线数据表

试件	轮廓线	平均高度 Z/mm	整体起伏角度 α/(°)	分形维数 D	均方根一阶导数 Z_2	节理粗糙度系数 JRC
S1	X=5 mm	4.77	6.56	1.078 7	0.198 5	9.398 0
	X=15 mm	5.54	5.53	1.081 9	0.199 3	9.456 5
	X=25 mm	6.66	3.29	1.074 1	0.206 8	9.978 6
	X=35 mm	6.59	0.12	1.122 1	0.206 1	9.927 5
	X=45 mm	5.41	1.08	1.108 0	0.187 3	8.578 3
S2	X=5 mm	2.61	2.11	1.084 9	0.161 4	6.481 7
	X=15 mm	2.33	1.44	1.114 7	0.141 5	4.624 6
	X=25 mm	2.24	0.97	1.117 4	0.134 9	3.955 1
	X=35 mm	2.11	1.00	1.093 0	0.129 6	3.389 4
	X=45 mm	1.91	0.67	1.127 8	0.109 4	0.990 9

表 4-2(续)

试件	轮廓线	平均高度 Z/mm	整体起伏角度 α/(°)	分形维数 D	均方根一阶导数 Z_2	节理粗糙度系数 JRC
S3	X=5 mm	1.50	0.83	1.121 8	0.100 2	0.024 2
	X=15 mm	1.34	0.75	1.110 0	0.102 5	0.084 1
	X=25 mm	1.02	0.96	1.139 2	0.124 1	2.772 4
	X=35 mm	1.00	0.95	1.148 7	0.103 4	0.196 1
	X=45 mm	0.96	0.94	1.130 0	0.110 9	1.184 8
S4	X=5 mm	3.63	1.43	1.139 7	0.216 1	10.594 0
	X=15 mm	3.84	0.94	1.125 3	0.184 6	8.375 6
	X=25 mm	3.81	0.37	1.163 8	0.176 8	7.762 3
	X=35 mm	3.05	1.28	1.146 4	0.193 8	9.059 8
	X=45 mm	2.36	2.96	1.141 3	0.227 2	11.300 0
S5	X=5 mm	5.34	4.58	1.089 0	0.331 3	16.620 0
	X=15 mm	4.47	2.72	1.096 2	0.296 3	15.050 0
	X=25 mm	3.81	1.22	1.117 0	0.220 7	10.900 0
	X=35 mm	4.04	0.01	1.230 0	0.184 9	8.400 0
	X=45 mm	3.91	0.13	1.099 1	0.196 7	9.270 0
S6	X=5 mm	3.58	1.17	1.091 8	0.155 3	5.934 5
	X=15 mm	2.73	0.66	1.105 2	0.160 3	6.382 0
	X=25 mm	2.19	0.09	1.123 0	0.148 6	5.312 0
	X=35 mm	2.17	0.30	1.125 4	0.165 3	6.818 5
	X=45 mm	2.65	0.97	1.095 8	0.154 6	5.877 0
S7	X=5 mm	4.68	3.30	1.088 7	0.186 7	8.538 6
	X=15 mm	5.21	3.20	1.084 5	0.186 6	8.527 8
	X=25 mm	5.70	2.76	1.115 1	0.174 8	7.608 8
	X=35 mm	7.78	0.10	1.142 7	0.218 6	10.756 0
	X=45 mm	9.13	0.60	1.150 3	0.186 9	8.549 8
S8	X=5 mm	2.42	3.16	1.099 2	0.427 3	20.211 0
	X=15 mm	2.74	2.50	1.101 9	0.436 3	20.503 0
	X=25 mm	3.31	1.89	1.100 9	0.394 1	19.069 0
	X=35 mm	4.32	0.95	1.098 5	0.358 4	17.731 0
	X=45 mm	5.12	0.92	1.096 3	0.250 5	12.678 0

通过分析上表中各个参数可以进一步分析出裂隙面的起伏特征，其中平均高度和整体起伏角可以反映出裂隙面的凹凸起伏和倾斜程度。40 条剖面轮廓线平均高度的变化范围在 0.96～9.13 mm 之间，各个试件剖面轮廓线的整体起伏角度变化不大，在 0.01°～6.56°之间。另外，通过对比各个试件可以看出 S3 试件裂隙面起伏高度最低且基本呈水平状态，裂隙面左下角发生偏转的 S7 试件在 $X=45$ mm 处平均高度最高，为 9.13 mm，整体起伏角度最大值出现在 S1 试件中，为 6.56°，这与上文所呈现的裂隙面三维形貌特征相吻合。采用盒子计数法计算得到各个曲线的分形维数 D，它的变化范围在 1.074 1～1.230 0 之间，大多数集中在1.100 0 左右。根据巴顿所提出的公式，计算得到节理粗糙度系数 JRC 值，8 个试件裂隙面 JRC 值的变化范围在 0.024 2～20.503 0 之间，大多数集中在 8.000 0～10.000 0 的范围内，其中 S3 试件的 JRC 值最小，平均为 0.852 3，S8 试件的 JRC 值最大，平均为 18.038 4，通过原始裂隙表面也可以看出 S3 试件表面比较平整，S8 试件裂隙面存在较大的不连续面，这说明 JRC 值能够很好地反映出裂隙面的粗糙程度。

4.3.2 裂隙面粗糙度参数定量分析

前文已经对三维裂隙面进行了重建并基于剖面轮廓线对裂隙面粗糙度进行了分析，但由于二维轮廓线存在一定的局限性，现实中的裂隙面是以三维形态而存在的，采用二维轮廓线不能反映其整体特征，给进一步研究带来了诸多不便，因此需要进一步对裂隙面的三维形貌特征进行深入研究。本节同样计算了三维裂隙面的粗糙度系数，并与上文二维轮廓线进行了对比。

为了定量分析裂隙面的起伏高度，首先采用频率直方图对裂隙凹凸高度数据进行了统计分析。由于各试件之间存在较大差异，起伏高度各不相同，其中 S5 试件的起伏高度最大值达 15.46 mm，S3 试件起伏高度最大值为 2.79 mm，由于以 XOY 水平面作为基准面，因此所有试件起伏高度最小值均为 0。对根据统计得到的起伏高度进行分组，得到如图 4-13 所示的原始裂隙面起伏高度频率直方图。

对图 4-13 分析如下：从整体上来看，大多数试件的频率随起伏高度的变化均呈现先增加后降低的变化趋势，不同的是各个试件起伏高度范围和频率比例存在差异。另外，各试件最大频率与所在的区间也各不相同，大多数试件最大频率在 10%～20%左右，所占的区间为 4～8 mm。其中 S5 试件的起伏高度变化范围最大，为 0～16 mm，但是区间 7～16 mm 范围内所占的比例非常小；而 S3 试件的起伏高度变化范围最小，为 0～3 mm，其中置于区间 0.5～1 mm 的起伏高度所占的频率高达 35%。另外，通过高斯分布对起伏高度频率直方图进行拟

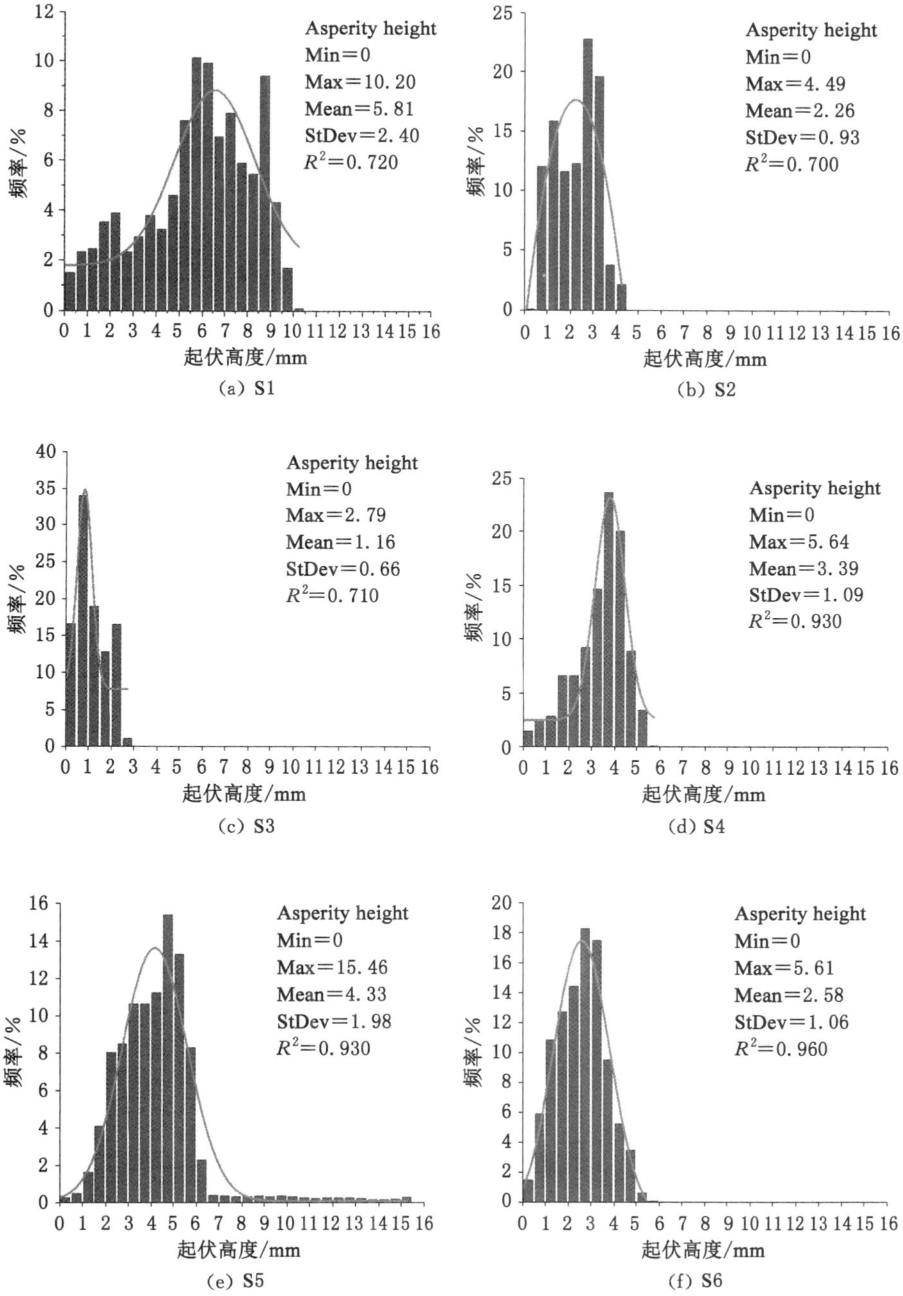

图 4-13　原生裂隙面起伏高度频率直方图

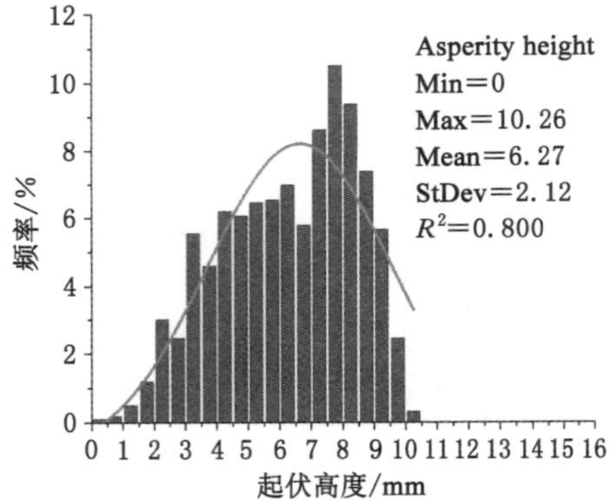

(g) S7

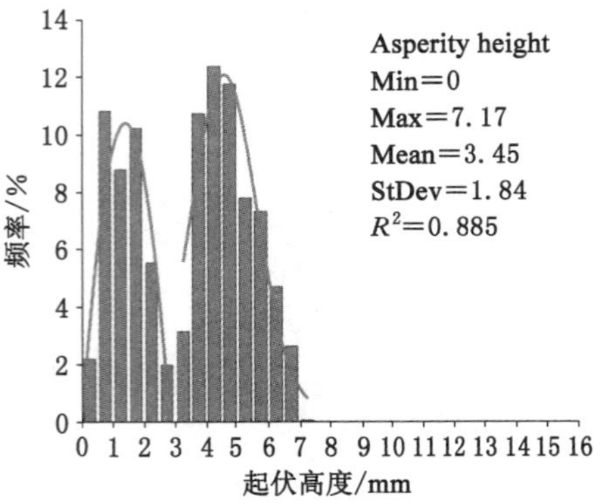

(h) S8

图 4-13 （续）

合可以看出，S2 和 S3 试件的高斯拟合 R^2 仅为 0.700 左右，这是该试件起伏高度的区间跨度过小间隔选取过大造成的，而 S4、S5 和 S6 试件的高斯拟合 R^2 达 0.900 以上，可见采用高斯分布能够很好地对大多数试件的起伏高度频率进行拟合分析。

由图 4-13 还可以观察到各个试件的最大起伏高度大多集中分布在直方图后半段部分，这可能与试件的粗糙度有关。通过将高斯分布曲线与上文所计算得到的节理粗糙度系数 JRC 进行对比分析可以看出，节理粗糙度系数越大，直方图右侧区间起伏高度所占的比例越大，裂隙面粗糙度系数与高斯分布峰值所在区间具有一定的相关性。例如 S3 试件的 JRC 值为 0.852，对应的高斯曲线峰值区间在左侧；S2 试件的 JRC 值为 3.888，其峰值置于中间位置；S6 试件的 JRC 值为6.065，其峰值居中；而 S1 和 S4 试件的 JRC 值在 9.500 左右，其高斯曲线峰值更向右侧集中。可见裂隙面粗糙度系数越大，起伏高度频率直方图高斯分布曲线的峰值越向区间右侧集中。

目前比较常用的三维形貌评价方法包括三维参数表征法和分形法（盒计数法和分形维数法），并提出了一系列的参数来刻画岩石节理几何特征，其中用来描述裂隙面粗糙度的参数多达几十个，基于目前比较常用的参数选择了 4 个广泛接受的参数来对表面的凹凸起伏特征进行定量分析，即散点到基准面距离的算术平均高度值 R_a、均方根 RMS、均方根一阶导数 Z_2 和节理粗糙度系数 JRC，各个参数相对应的计算公式如下[148,190,263]：

$$R_a = \frac{1}{MN}\sum_{i=1}^{M}\sum_{j=1}^{N}\left|\Delta z(i,j)\right| \tag{4-1}$$

$$\mathrm{RMS}=\sqrt{\frac{1}{MN}\sum_{i=1}^{M}\sum_{j=1}^{N}\left|\Delta z(i,j)\right|^{2}} \tag{4-2}$$

$$Z_2=\sqrt{\frac{1}{L_xL_y}\int_{y=0}^{y=L_y}\int_{x=0}^{x=L_x}\left[\left(\frac{\partial z}{\partial x}\right)^2+\left(\frac{\partial z}{\partial y}\right)^2\right]\mathrm{d}x\mathrm{d}y}$$

$$=\sqrt{\frac{1}{(N\Delta x)^2}\sum_{i=1}^{M}\sum_{j=1}^{N}\frac{(z_{i+1,j+1}-z_{i,j+1})^2+(z_{i+1,j}-z_{i,j})^2}{2}+\frac{(z_{i+1,j+1}-z_{i+1,j})^2+(z_{i,j+1}-z_{i,j})^2}{2}} \tag{4-3}$$

$$\mathrm{JRC}=32.2+32.47\lg Z_2 \tag{4-4}$$

式中　L_x，L_y——裂隙面的长度和宽度，mm；

M——x 方向的节点个数，取 200；

N——y 方向的节点个数，取 400；

Δx——相邻节点的间距，mm，取 0.25 mm；

z_{ij}——节点的起伏高度，mm。

另外，本书以 S1 试件为例对上述参数的计算过程进行说明。在计算上述系数前首先确定一个基准面，然后根据参数公式计算散点到基准面的垂直距离。对于三维散点数据通常选用最小二乘面作为基准面，运用 MATLAB 软件中的拟合工具箱 curve fitting 对扫描获得的所有点云数据坐标（x_i，y_i，z_i）进行拟合，得到相对应的最小二乘基准面方程，如图 4-14 为试件 S1 拟合得到的基准面。

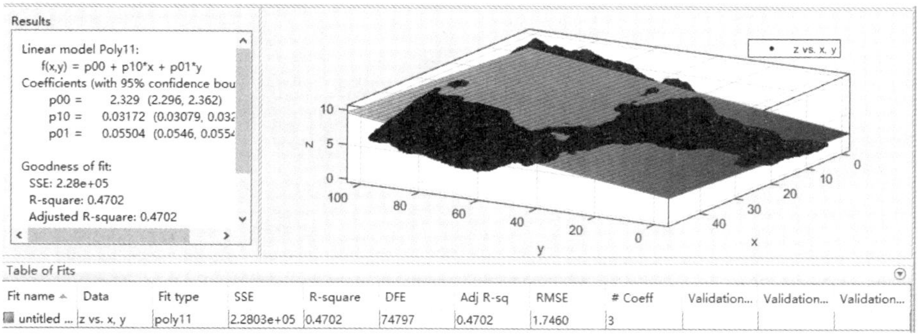

图 4-14　MATLAB 拟合最小二乘基准面

值得说明的是本书采用的基准面不局限于传统的平面，而是根据试件的特点有的采用一次平面有的采用多次曲面，这是由于在拟合中发现当使用一次平面拟合时的拟合度并不是很好，例如 S1 试件在使用一次平面拟合时其平面函数为 $f(x,y)=2.329+0.031\,72x+0.055\,04y$，其相对应的拟合度 R^2 只有 0.470 2，拟合效果并不理想，将拟合次数提高到二次后拟合度 R^2 为 0.843 4，提高了将近一倍，相对应得到的曲面方程也复杂一些，为 $f(x,y)=-2.464+$

$0.345x+0.1155y-0.002953x^2-0.003529xy+0.0002162y^2$。出现这一现象一方面是由于试件的多样性，当三维粗糙裂隙面为相对倾斜的平面时采用一次平面基准面就能够较好地进行拟合，而当三维裂隙面出现扭曲时采用多次曲面能够更好地对散点数据进行拟合；另一方面，在对粗糙度凹凸性进行分析时，采用多次函数对基准面进行拟合也是符合实际的，例如考虑极端情况，当三维粗糙裂隙面为凹面洞穴/凸面体时采用曲面函数作为基准面能够更好地描述表面粗糙情况，本书的 S3 试件在这方面表现得尤为突出。因此，在保证拟合度的情况下，根据每个试件的特点选取合适的拟合函数和基准面是合理的，如表 4-3 所示为以上 8 个试件的基准面函数及其拟合度。

表 4-3　基准面函数及其拟合度

试件	基准平面函数 $f(x,y)$	拟合度 R^2	多次曲面函数 $f(x,y)$	拟合度 R^2
S1	$f(x,y)=2.329+0.03172x+0.05504y$	0.470 2	$f(x,y)=-2.464+0.345x+0.1155y-0.002953x^2-0.003529xy+0.0002162y^2$	0.843 4
S2	$f(x,y)=3.693-0.0154x-0.02169y$	0.512 5	$f(x,y)=3.639-0.07356x+0.02849y+0.002282xy-0.0001264y^2-0.0000167xy^2+0.000007077y^3$	0.823 6
S3	$f(x,y)=2.278-0.01418x-0.01548y$	0.558 8	$f(x,y)=2.994-0.01082x-0.06171y+0.00006714xy+0.0004776y^2$	0.860 0
S4	$f(x,y)=4.408-0.03072x-0.005446y$	0.173 5	$f(x,y)=0.3115+0.1327x+0.1367y-0.0001283x^2-0.004136xy-0.001164y^2-0.00003069x^2y+0.00003705xy^2+0.0000009259y^3$	0.874 7
S5	$f(x,y)=6.472-0.03553x-0.02496y$	0.204 8	$f(x,y)=13.26-0.4734x-0.231y+0.004957x^2+0.01123xy+0.001296y^2-0.00002922x^3-0.00002524x^2y-0.00007236xy^2$	0.734 3
S6	$f(x,y)=3.246-0.02359x-0.002823y$	0.089 3	$f(x,y)=3.304-0.1722x+0.0854y+0.002223x^2+0.001017xy-0.001151y^2$	0.883 9
S7	$f(x,y)=1.762+0.1127x+0.0369y$	0.784 0	$f(x,y)=0.5+0.08032x+0.09209y+0.002271x^2-0.001509xy-0.0001947y^2$	0.901 0

表 4-3(续)

试件	基准平面函数 $f(x,y)$	拟合度 R^2	多次曲面函数 $f(x,y)$	拟合度 R^2
S8	$f(x,y)=3.376+0.06762x-0.03063y$	0.459 9	$f(x,y)=5.207-0.07627x+0.002575y+0.005752xy-0.002986y^2-0.00004301xy^2+0.00002595y^3$	0.678 3

根据式(4-1)～式(4-4)计算得到的 8 个试件裂隙面的三维形貌参数如表 4-4 所示，通过将其与上述各个试件的二维剖面轮廓线均值进行对比可以看出，对于大多数试件而言它们之间的误差很小，其中算术平均高度范围为 0.56～1.93 mm，节理粗糙度系数范围为 0.27～16.77，S3 试件 JRC 值最小，S8 试件 JRC 值最大，这与前文二维轮廓线分析相一致。值得说明的是，改进的三维粗糙度系数 JRC 同时考虑了所有节点横向和纵向高度的变化，因此三维粗糙度系数更能反映出裂隙面的凹凸起伏特征。

表 4-4　裂隙面三维形貌参数统计表

试件	算术平均高度值 R_a/mm	均方根 RMSE	均方根一阶导数 Z_2	节理粗糙度系数 JRC	二维剖面轮廓线 JRC 均值
S1	1.93	0.949 4	0.21	10.20	9.47
S2	0.81	0.390 9	0.13	3.77	3.89
S3	0.56	0.245 4	0.10	0.27	0.85
S4	0.87	0.387 6	0.20	9.57	9.42
S5	1.33	1.019 1	0.24	12.26	12.05
S6	0.86	0.361 0	0.17	7.14	6.06
S7	1.81	0.668 4	0.26	12.71	8.80
S8	1.63	1.045 6	0.34	16.77	18.04

综合以上对 8 个试件裂隙面三维几何形貌的分析，可以看出各个裂隙面的特征，其中：S3 和 S2 试件裂隙面较为平坦，其粗糙度较低；S1、S4 和 S7 试件裂隙面的粗糙度系数集中在 8.000 0～10.000 0 范围内；而 S5 试件的主要特征是裂隙面在左下角发生向上的偏转；S8 试件裂隙面中央存在较大的不连续变化，粗糙度最大。综上可以看出，原生裂隙差异性更加明显，其裂隙面形貌也比较复杂。另外可以确定的是这些明显的特征势必会对流体在其表面的运移产生一定的影响。

4.3.3 裂隙面优势渗流路径模拟分析

在渗流试验过程中裂隙试件被热缩管包裹并处于围压腔内，无法直接对流体在裂隙面上的渗流路径、水压分布和流速分布进行直观观察，需要采取其他手段进行分析。为了更好地对裂隙面的渗流特征进行描述，我们将上节得到的三维裂隙面导入多物理场仿真软件 COMSOL 中，通过对扫描获得的点云数据进行曲面化处理，建立裂隙面三维模型。

如图 4-15 所示为裂隙圆柱体三维立体模型，其直径和高度分别为 50 mm 和 100 mm，考虑到计算精度和计算机内存两方面因素，选择四面体网格对裂隙面及交接部分进行细划分，模型中单元总数为 97 万个、单元节点个数为 125 601 个。模型的边界条件为：模型左、右两侧边界为无滑移、不渗透边界条件，上端入口水头压力为 100 mmH_2O，底端出口边界为大气边界，水头压力为 0 mmH_2O。物理场求解器采用对流-扩散方程进行计算，计算完毕后通过软件自带的后处理模块，分别得到裂隙面的压力分布、流场流线分布、速度场分布，如下分别对裂隙面渗流模拟结果进行分析。

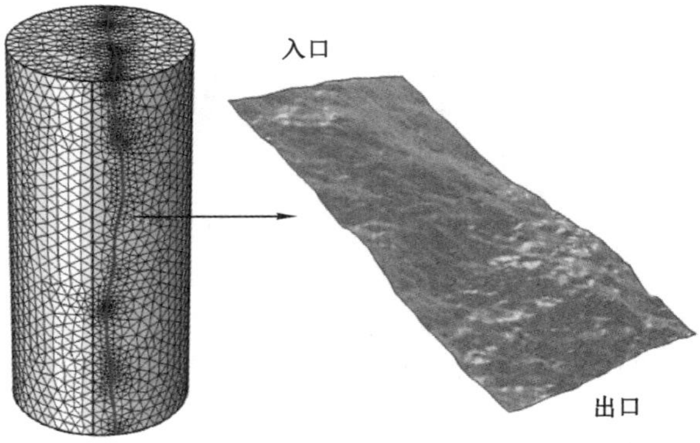

图 4-15 三维立体模型及边界条件

如图 4-16 所示为水头压力在裂隙面内的分布，从整体上可以看出所有试件的水头压力沿着裂隙渗流方向均逐渐减小，裂隙面顶部最大为 100 mmH_2O，底部最小均为 0 mmH_2O，这与所施加的边界条件相吻合，但每个裂隙面沿 Y 方向的变化趋势均不是传统的线性变化，且每个试件裂隙面压力突变位置各不相同，流体压力变化存在明显的交界面，其中 S2、S5 和 S6 试件水压力突变点紧靠试件上方入口端，S3 和 S8 试件水压力突变点集中在裂隙面中部，而 S1、S4 和 S7 试件水压力突变点集中在裂隙面下部，这与裂隙面横向上的凹凸起伏程度有关。

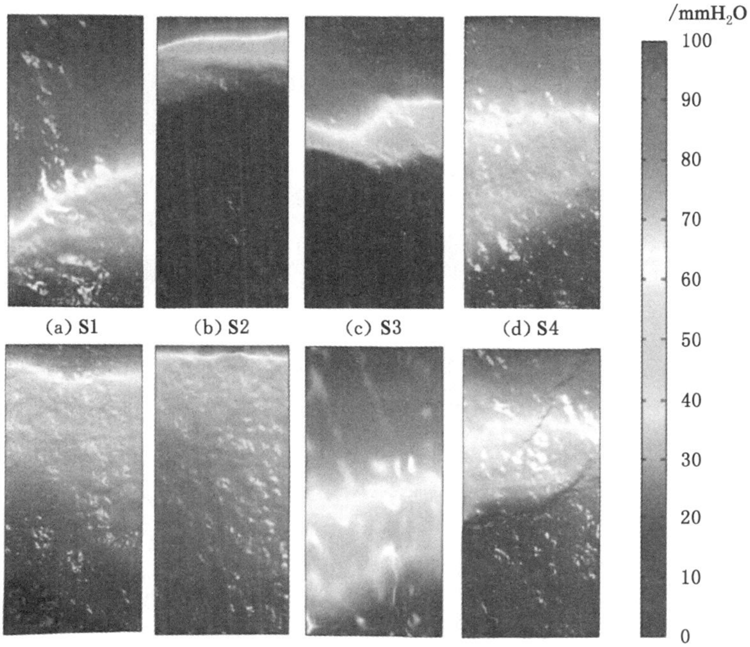

图 4-16　裂隙面水头压力分布变化

微小的开度对流体具有较大的阻抗，流体在该位置处的流畅程度较小，当流体越过该处时，由于裂隙面开度变大运移十分畅通，流体压力自然降低，因此裂隙面的凹凸分布对流体压力具有明显的影响，粗糙裂隙面内水头压力分布具有非均匀性的特征。

另外，通过对图 4-17 中裂隙面渗流流线分布的分析，可以看出流体沿裂隙面自上而下的运移路径，在相同横截面内流体沿 Y 方向的流量并不相同，并且在各个裂隙面纵向均会发生偏转，存在明显的优势渗流路径，其中：S1 和 S7 试件裂隙面沿 Y 方向渗流的同时逐渐向右下侧发生渗流；S2、S5 和 S6 试件裂隙面流线均向左侧发生偏移，且粗糙度较大的 S5 和 S6 试件偏转程度远大于 S2 试件偏转程度；S4 试件首先向左侧偏移然后向右侧偏转；S3 试件由于中间开度较小发生向两侧边缘运移的现象；更加明显的是 S8 试件，由于存在不连续面，其向左侧发生急剧偏转，且裂隙面粗糙度越大流场流线偏转程度也越明显。这种现象也验证了裂隙面压力出现突变的原因，流体向裂隙面中开度较大的方向运移，形成优势渗流，这也与现实中水流动的实际情况相吻合。

如图 4-18 所示为裂隙面渗流速度场分布特征，其中箭头表示速度方向，可以

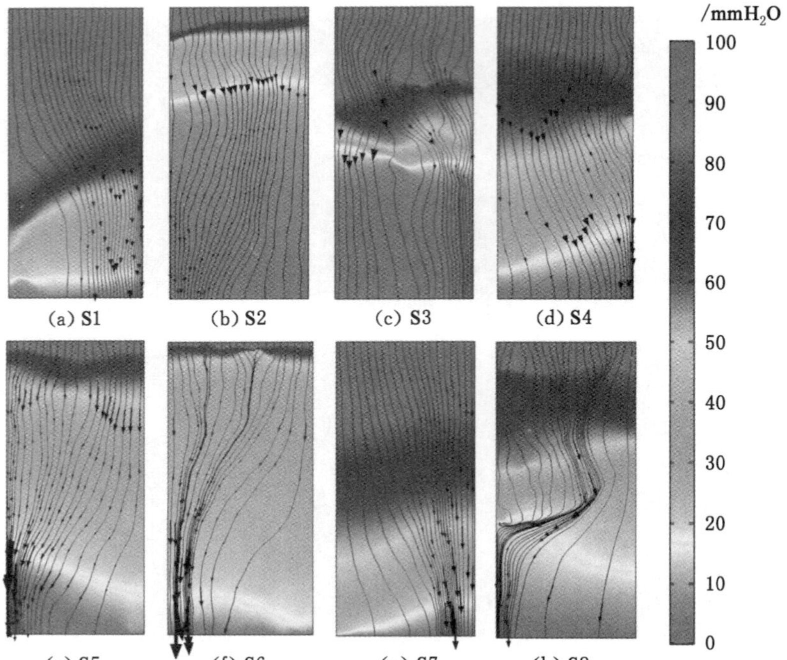

(a) S1　(b) S2　(c) S3　(d) S4

(e) S5　(f) S6　(g) S7　(h) S8

图 4-17　裂隙面渗流流线分布

看出裂隙面内的速度分布不均。由于各个试件几何形貌各不相同，速度场分布也存在区别，但每个试件裂隙面均存在优势渗流路径，当流体从试件上方向下部渗流的过程中，流体会向张开度较大的方向运移，同时速度矢量与流线分布有很好的对应关系，裂隙面上粗糙的三维几何形貌特征是造成非达西渗流的主要原因。

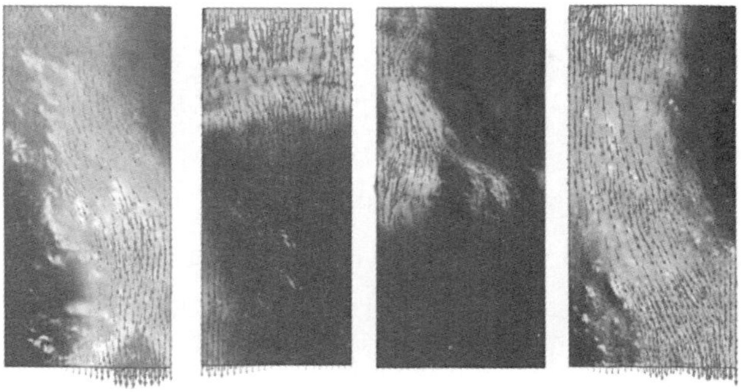

(a) S1　(b) S2　(c) S3　(d) S4

图 4-18　裂隙面渗流速度场分布特征

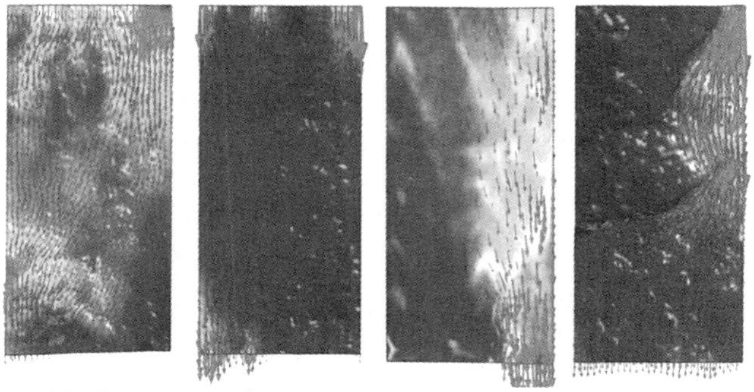

(e) S5　(f) S6　(g) S7　(h) S8

图4-18 （续）

4.4 本章小结

本章以原生裂隙岩体为研究对象，采用多场耦合试验压力机开展了不同围压及不同渗透压下的渗流试验，给出了加卸载路径下渗流流量随围压及渗透压变化的渗流规律，进一步采用扫描仪对裂隙面的三维形貌特征进行了描述，分析了原生裂隙面的起伏高度、粗糙度系数等特征，在此基础上采用数值模拟方法将扫描数据导入COMSOL软件，对流体在裂隙面的渗流路径进行了模拟分析，得到如下结论：

(1) 裂隙岩体渗流流量随渗透压的升高而增大，随围压的升高而降低。在加载过程中，不同围压条件下渗流流量随渗透压表现出多样的变化趋势，随着围压的增大其增长类型分别呈现幂律型、线性变化、指数型和双线性增长变化；在卸载过程中，随着围压的降低渗流流量呈现增加的趋势，但受到加载历史的影响，在相同渗透压、围压条件下呈现出不同的渗流流量数值，卸载路径下的渗流流量明显低于加载路径下的，同时加载路径下围压值越高对应卸载路径下的渗流流量越低。

(2) 采用三维激光扫描仪提取了8组原生裂隙面的几何特征，采用NX Imageware软件对三维裂隙面点云数据进行了重建，并对各裂隙面的起伏高度平均值、标准偏差、均方根一阶导数、分形维数等进行了统计学分析，其中原生节理粗糙度系数集中在8.000 0～10.000 0的范围内，分形维数在1.074 1～1.230 0之间，裂隙面起伏高度频率直方图符合高斯分布规律，且粗糙度系数越大其峰值所在的区间越向右侧偏移。

(3) 粗糙裂隙面渗流模拟结果表明裂隙面存在明显的优势渗流路径,水头压力分布存在明显的过渡区,粗糙裂隙面几何形貌特征引起渗流流线及速度场分布呈现明显的非均匀变化特征,当流体从顶部向下方流动时,流体向开度较大的方向运移,造成流体沿裂隙面分布的不均而形成优势渗流,优势渗流路径的存在是造成粗糙裂隙面非达西渗流的主要原因。

第 5 章　裂隙煤体三维重构及微细观渗流机理研究

前期开采活动打破了煤储层的原始状态，受采煤作业的影响储层完整性遭到破坏，垮落带遗落的煤块和残留的煤柱受损伤的影响，内部裂隙更加发育，废弃矿井采空区中的瓦斯主要来自底部散落的煤岩体和两侧残留的煤柱，瓦斯以游离和吸附两种状态赋存于破裂煤体的孔裂隙中，在开采卸压的作用下解吸的瓦斯向微观孔隙中扩散，最后沿宏观裂缝从破裂的煤岩体中涌出，其中瓦斯含量多少和瓦斯压力大小直接决定了废弃矿井采空区是否具有抽采价值。煤岩体内部的孔裂隙结构是衡量储层信息的关键指标，连通的孔裂隙不仅是瓦斯主要的储存空间，而且是流体运移的主要通道，煤岩体内部的孔裂隙空间结构特征及其微细观渗流特性与瓦斯的采出密切相关。因此，为了探究采空区裂隙储层中瓦斯的运移机理，需要分析裂隙煤岩体的孔裂隙空间结构特征及其微细观渗流特性。

本章在实验室对采空区中散落的大块煤体进行了钻心取样，偶然获得了含有宏观裂缝的原生裂隙煤体，通过对其进行 X 射线计算机断层扫描(CT)试验，获得了一系列不同层位的断面切片图像，利用数字岩心技术对其内部孔裂隙结构特征进行了三维可视化表征，通过三维重构分析了不同表征单元体中基质、孔隙、裂缝的空间形态及分布特征，在此基础上构建了孔隙网络模型，对含有宏观裂缝的表征单元体进行了渗流模拟，探究了原生裂缝煤体的渗流特性。

5.1　试验概况

5.1.1　样品采集及试验设备

将采空区中的大尺寸煤块搬运到实验室进行加工制作。煤块的尺寸较大，其体积接近 0.5 m^3，将其固定到钻机底座平台上，采用水钻机对其进行取心作业，下钻速度保持平稳，以减小对试件的损伤，其过程如图 5-1 所示。在对大量煤块进行钻孔取心的过程中，偶然发现一枚含有原生裂隙的试件，可以看出该试件两端完整，中间存在一条原生的宏观裂缝，试件直径为 50 mm、长度约为 200 mm，裂缝沿试件长度方向呈现弯曲状分布，长度可达 105 mm，最大宽度为 0.5 mm。值得说明的是这种原生裂隙试件的获取非常宝贵，从某种意义上来讲可遇而不可求。该试件与目前大多在实验室加工制作的毫米级试件相比尺寸较大，而且还包含有原生的宏观裂缝，它与破坏试件的裂缝和人工预制裂缝存在明显区别，在一定程度上能够更加真实地反映采空区破裂煤体的储层信息。

(a)

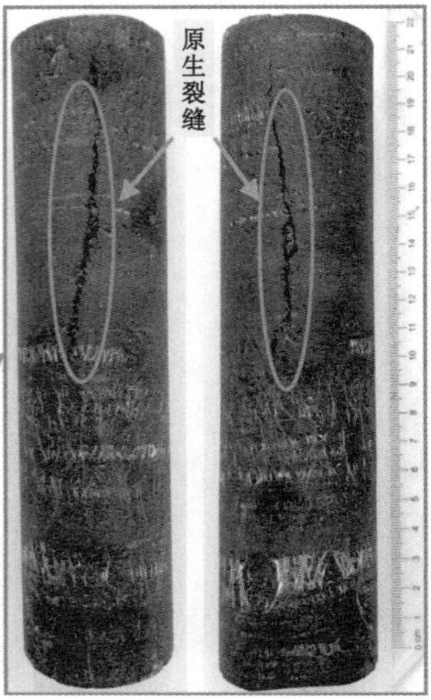

(b)

图 5-1　原生裂隙煤样试件采集过程

X 射线计算机断层扫描(CT)技术由于能够在不损坏试件的情况下再现被测物体内部的矿物结构组成及其孔裂隙分布状况，正在被广泛地应用于岩土领域的相关研究中，来探究煤体、岩石等材料的微细观损伤问题。其成像原理是：X 射线穿透待测物体后会按照样本的密度分布发生一定程度的衰减，衰减系数与样品密度成正比，透射的射线被后方的探测器所捕获，将信号传入计算机系统转化为数据体，按照一定的算法对该数据体进行重建后得到样品的三维模型，模型中的内部结构等以不同的灰度值呈现，其范围在 0～255 之间，样品密度越大呈现的灰度值越高，反之，密度越小其灰度值越低。在三维可视化和重建分析软件中，通过对灰度范围进行阈值分割，来实现对模型中孔隙、裂隙及矿物成分等的提取和区分，直观地呈现出模型内部孔裂隙的位置、大小及空间分布形态，选取包含有裂缝的表征单元体，利用内置的渗透计算模块实现渗流模拟，计算岩心沿裂缝方向的绝对渗透率。

为了反映出上述原生裂隙煤体内部的孔裂隙空间结构特征，采用 CT 扫描技术对其开展试验，设备为天津三英精密仪器有限公司的 nanoVoxel 4000 开关反射式高穿透率 CT 系统，如图 5-2 所示。该设备搭配 190 kV 电压和 140 μA 电流微焦点射线源、工作转台和平板探测器等，兼具高分辨率和高穿透能力，可以保证在穿透大尺寸样品的同时确保高精度，曝光时间为 0.6 s、采集帧数为 5 400。采用螺旋式扫描模式对试件进行快速扫描，圈数为 5、螺距为 106，扫描所得横向断面图像为 4 226 张，纵向断面图像为 1 764 张，空间体素为 29.15 μm，扫描完成后将 8 位数据体导入三维可视化软件 Avizo 中构建三维数字岩心。

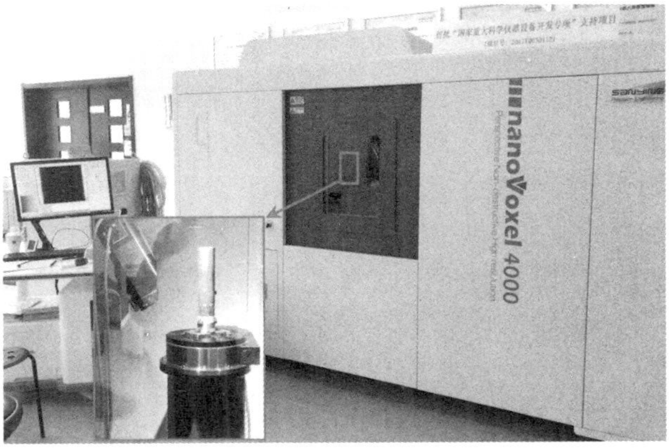

图 5-2　nanoVoxel 4000 系列 X 射线三维显微 CT 扫描系统

CT 扫描系统对原生裂隙煤体试件的具体扫描测试过程如下：

(1) 将原生裂隙煤体试件放置到工作转台上，使用封泥和胶带将试件底部固定牢固，使圆柱体试件纵向轴线与射线保持垂直，并防止试件在旋转过程中发生偏斜，保证旋转过程中样品的相对位置不会发生改变。

(2) 试件安装完毕后，关闭放置试件的窗口，开启 X 射线电源，将样品移动到射线焦点附近，调节样品台的高度，使其与射线发射端相匹配，保证原生裂隙煤体试件在扫描视窗的范围内，设定电压、电流、圈数和螺距等相关参数，设定完毕后开始对试件进行螺旋式扫描。

(3) 扫描完毕后，关闭 X 射线电源，通过三向切片数据查看扫描的质量，确认完毕后将样品从工作转台上取出，将 CT 切片数据导入三维可视化软件 Avizo 中，对煤体孔裂隙结构等做进一步分析。

5.1.2 裂隙煤体三维重构过程

为了更加形象地呈现原生裂隙煤体内部的孔裂隙特征，需要对扫描所得的二维图像进行三维重建[234,298]，主要包括以下几个步骤：首先对二维切片图像进行预处理，通过滤波降噪去除由于扫描设备或人为操作造成的伪影和噪声，在保持图像完整性的同时使其结构更加清晰；然后将二维切片数据导入三维可视化软件 Avizo 中，根据不同物质所呈现的灰度值设定相对应的阈值区间，分别将孔隙、裂缝和不同的矿物基质等成分提取出来，可以将连通的孔隙和孤立的空洞分别呈现出来，可以对模型中每个孔的半径、表面积、孔喉及配位数等进行定量分析；由于笔记本计算机内存空间有限，对整个试件进行分析计算时存在内存不足的问题，因此选取能够代表材料属性的表征单元体进行进一步分析，可对孤立连通的孔裂隙生成球棍孔隙网络模型，利用渗流模块对其上下面分别施加压力进行模拟，通过流线分布呈现渗流路径，同时可以显示渗透率、流速及压力的分布情况。

如图 5-3 所示为三维模型重建过程。通过切片图中的灰度分布可以发现三种类型的物质，即深黑色的孔裂隙结构、白色的矿物质和灰色的煤基质，大多数切片图可以通过肉眼清晰地分辨出来它们之间的边界轮廓，少部分切片图存在模糊的伪影，采用中值滤波对其进行降噪处理；将预处理后的图片导入三维可视化软件 Avizo 中，使用软件中的 Volume Rendering 命令得到整个试件的三维重构模型，从表面可以看出在模型中部存在明显的裂缝，整个模型包含 130.68 亿个体素，在处理过程中需要对每个体素进行计算分析，从理论上讲模型的尺寸越大，对于分析煤样的宏观力学性质越有利，但计算机相对应的存储和运算就会随之大大增加，本书在计算时计算机出现了内存不足的问题，因此需要对圆柱体进行裁剪操作选取表征单元体，经过多次尝试本书所选取单元体的尺寸大小为 11.66 mm×11.66 mm×11.66 mm，其内部包含有纵向贯通的原生裂缝，它既反映了裂隙煤样的孔裂隙特征，又兼顾了计算机数据处理的能力；然后基于灰度分布图进行阈值分割，通过调整阈值区间的范围可以呈现裂缝的分布，利用分水岭算法进行分割，采用软件中的 Separate Objects 命令将单元体中的孔裂隙提取出来，可以通过 Volume Fraction 命令分析孔隙率的分布特征；最后利用软件内置模块中的 Absolute permeability experiment simulation 算法对表征单元体进行渗流模拟，基于流线分布特征分析连通性，其中在 Avizo 软件中各模块的调用及处理过程如图 5-4 所示。

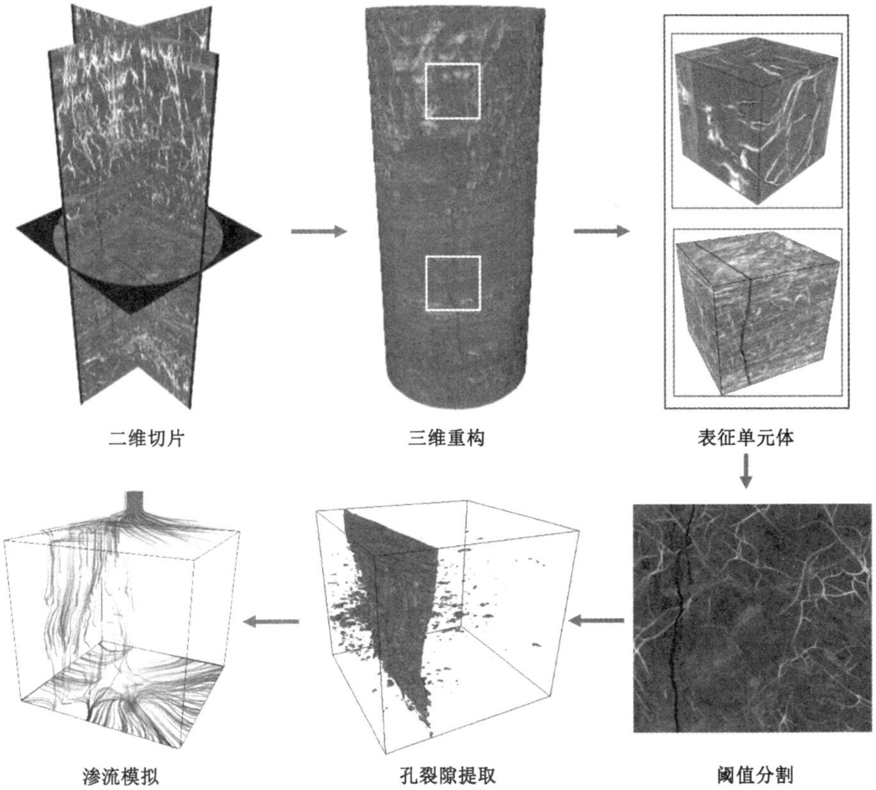

图 5-3　三维模型重建过程

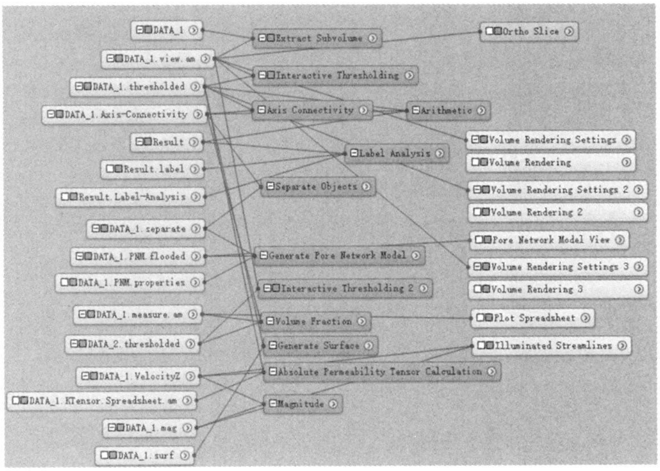

图 5-4　Avizo 软件内置程序调用过程

5.2 数字岩心微观孔裂隙结构特征

5.2.1 基于CT切片的裂缝分布特征

根据以上所述的操作流程，基于得到的二维切片图来分析煤样孔裂隙结构的分布变化。本书主要从一系列的CT图片中选取几张典型的进行分析，如图5-5所示。

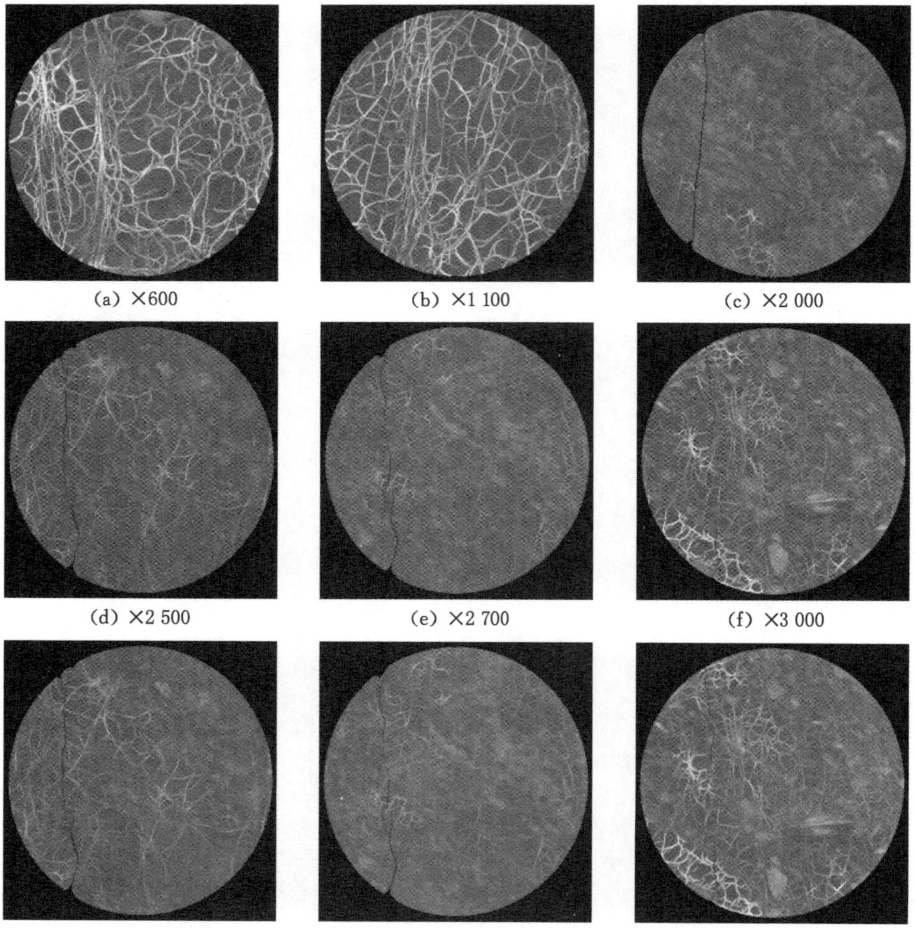

(a) ×600 (b) ×1 100 (c) ×2 000

(d) ×2 500 (e) ×2 700 (f) ×3 000

(g) ×3 200 (h) ×3 500 (i) ×4 000

图5-5 原生裂隙煤体CT扫描的横向切片图

如图 5-5 所示的横截面切片图，其直径尺寸为 50 mm，从整体来看原始试件表面分布着黑白相间的斑点，其表示不同的矿物，其中灰黑色的占比较大，为主要的碳元素，同时少量白色的斑点为少量的黏土矿物，纵横交错的白色线条为干酪根。另外还可以看出试件内部存在一条明显的宏观裂纹，它分布在试件的左侧边缘位置，从图像中可以清晰地看到该裂隙煤体试件内部的结构较为致密，内部的这条裂隙随着不同层数的变化其形态特征也会发生相应的变化。同时结合下方 XZ 方向和 YZ 方向的纵向切片图 5-6 也可以看出，试件的高度为 150 mm，试件上下两端较为完整，不存在明显的宏观裂纹，裂纹主要分布在试件中间层位，且从上端部到下端部的变化也是一个渐变的过程，裂纹主要分布在试件左侧，原生裂隙两端的开度较小，从上到下为由小变大再变小的过程，沿着试件边缘较为薄弱的地方起裂并逐步扩展。另外，在内部某些裂纹区域出现了空缺现象，可以看出不同层位的切片图所表现出来的破坏也是不尽相同的。需要指出的是这种天然原生裂隙比试验过程中人工制造的裂纹更加真实，同时这种大尺寸的裂隙煤体能更加真实地反映出裂隙煤体储层的特征，对于研究裂隙渗流具有重要的意义。

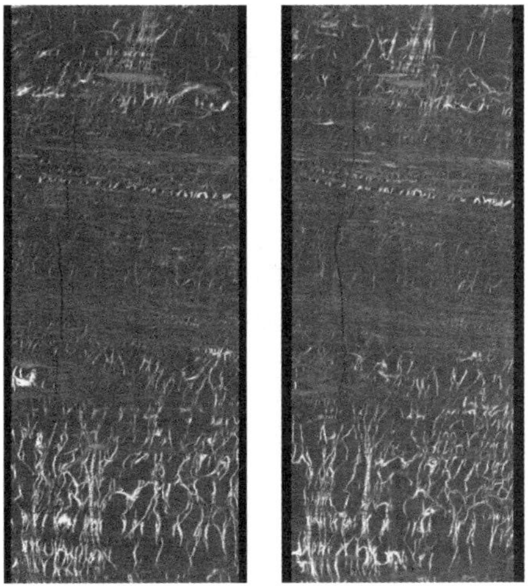

(a) XZ方向

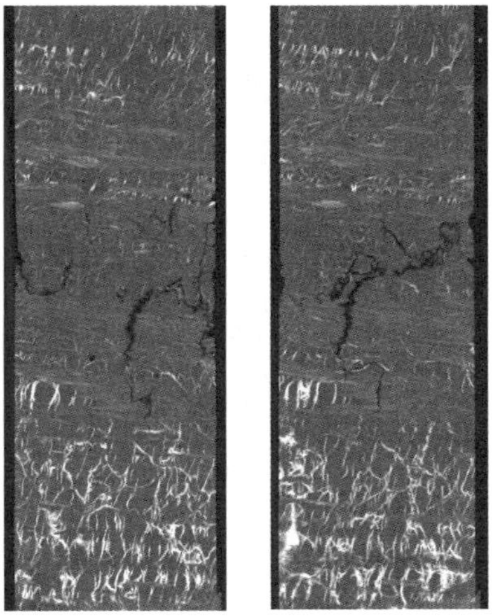

(b) YZ方向

图 5-6　原生裂隙煤体纵向切片图

5.2.2　三维模型重构及过程分析

将 CT 扫描二维切片图导入 Avizo 软件中进行可视化表征，三维重建后得到数字岩心整体模型，对其进行彩色渲染，根据灰度值的变化分别赋予不同的颜色显示，红色代表模型中的矿物成分，蓝色代表煤基质，然后通过调节阈值区间将其中的煤基质、孔裂隙和矿物成分分别提取出来。

如图 5-7 所示为原生裂隙煤体的三维可视化重构模型，从中可以发现模型整体与原生裂隙煤样组成成分相吻合，较为真实地还原了原生裂隙煤体试件的特征，试件两端比较完整，表面分布较多的矿物成分，中部存在一条明显的宏观裂缝。通过观察分离后的各部分可以看出煤基质和矿物成分占主要部分，煤基质是主体，白色的矿物如藤蔓般纵横交错地分布在其中，宏观裂缝所占的体积较小，裂缝呈现连片状分布，其厚度由两端向中间逐渐变大，最大值约为 2 mm，缝中夹杂一些碎屑等充填物，同时一些孤立的孔隙随机分布在试件的两侧和端部，这些宏观的大裂缝和微小的孔隙共同存在，它们之间的连通性必定会对瓦斯在裂隙煤体中的运移产生影响。

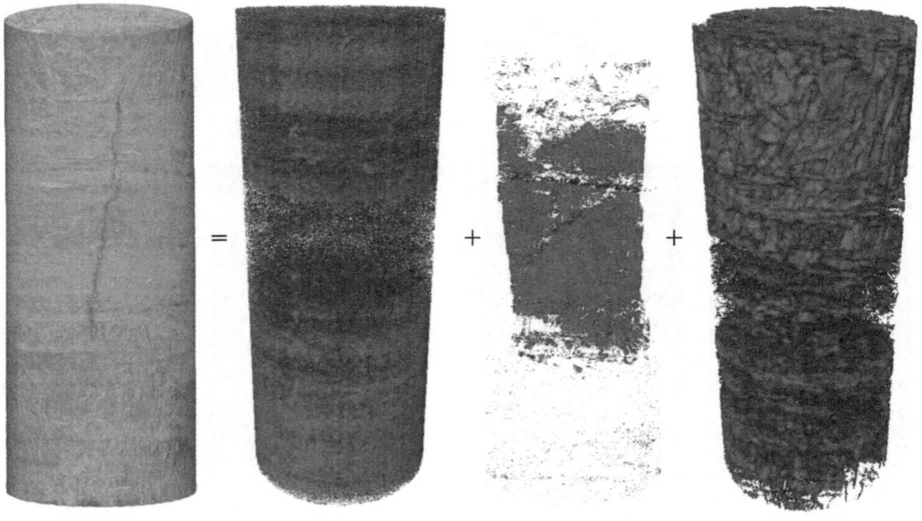

图 5-7 原生裂隙煤体三维可视化重构模型

需要说明的是在煤基质和矿物成分的研究方面存在一定的知识盲区，本节所关注的重点为上述所提取的原生裂缝和孔隙。在对上述所得的宏观裂缝和孤立的孔隙进行分离操作时，由于计算量太大，计算机出现了内存不足的限制，只能在模型整体中提取多个表征单元体，如图 5-8 所示，以其中某个表征单元体的处理过程为例进行说明。利用软件中的 Extract Subvolume 命令提取含有裂缝的单元体，对其进行阈值分割得到孔裂隙的分布，然后将宏观裂缝和孤立孔隙单独分离出来，可以看出孤立的孔隙呈现零散的分布特征，且所占的体积较小，相比较而言宏观裂缝的体积要大得多。对于连通的裂缝可以基于最大球算法生成孔隙网络模型，它们通过不同直径的小球和棍棒相连接表示，小球的直径代表大小，棍棒的粗细代表连通性，基于该模型可以计算出渗透率，大大节约计算的时间，经过多次尝试发现该模型对于宏观大裂缝的适用性较差，而采用软件中的absolute permeability experiment simulation 模块更能真实反映宏观裂缝的绝对渗透率特性。另外，通过计算孔裂隙的体积与总体积的比值，可以计算出沿 Z 轴方向单元体内每层的孔隙度分布曲线。

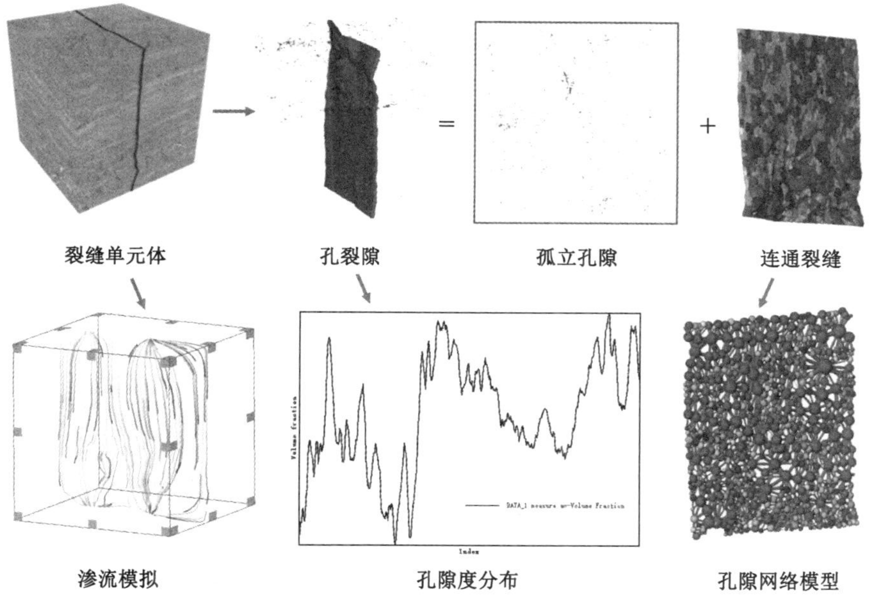

图 5-8 裂隙单元体处理流程

5.3 煤体孔裂隙结构及微细观渗流特性分析

根据上节的相关处理流程，本节对原生裂隙模型不同部位进行提取，得到多个表征单元体，对所提取的拥有孔裂隙的三维煤体结构模型进行分析，采用阈值分割提取单元体中的孔裂隙结构，根据孔裂隙体积分数计算每层的孔隙度分布情况，采用内置算法进行渗流模拟，计算渗透率的同时分析其微细观渗流特性。

5.3.1 裂隙单元体三维模型重构

基于上文所述的方法，沿模型纵轴由上到下依次提取了 6 个表征单元体

(1# ～6#)，如图 5-9 所示，根据灰度分布对其进行渲染分析后，利用 Avizo 软件中的 Volume Rendering 功能将其呈现出来，其中大部分的灰色表示为煤基质，白色表示为矿物成分，深色表征裂隙煤体的孔裂隙结构，它们是裂隙煤储层中主要的存储空间和运移通道。

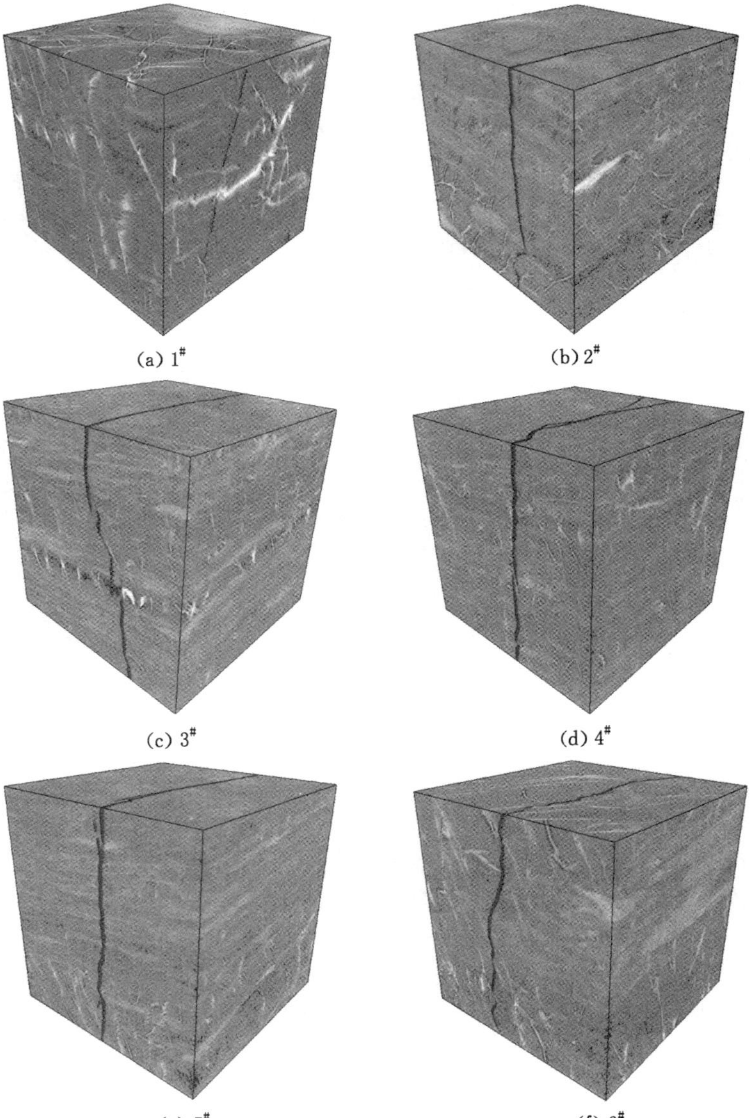

(a) 1#　(b) 2#

(c) 3#　(d) 4#

(e) 5#　(f) 6#

图 5-9　裂隙单元体三维模型重构

通过对比分析图 5-9 所示的裂隙单元体三维重构模型可以发现，沿裂缝不同部位处三维模型间存在一定的差异，虽然它们的主体结构均为煤基质，并包含有一些矿物成分，但各个组分之间存在明显的区别，其中 $1^{\#}$ 单元体中的矿物成分明显比其他试件中的多一些，各个单元体均包含有一条纵向贯穿的宏观裂缝，并伴随分布一些孔隙，$4^{\#}$、$5^{\#}$ 和 $6^{\#}$ 单元体中的孔隙分布明显多于其他单元体，$3^{\#}$ 单元体中的孔隙明显较少。通过对比宏观裂缝和孔隙可以发现，孔隙分布呈现不均匀性，分布也较为分散，次生裂隙以及孔隙大多数以孤立的状态存在，但是与其相比较而言所存在的一条纵向宏观裂缝具有良好的连通性。

5.3.2　裂隙单元体孔裂隙分布特征

为了更加形象生动地表征煤样孔裂隙结构特征，利用 Avizo 软件将上节中的孔裂隙结构分离出来，从三维角度呈现了孔裂隙的形态和分布特征，如图 5-10 所示为原生裂隙煤样沿裂隙不同位置的单元体三维孔裂隙结构演化图。

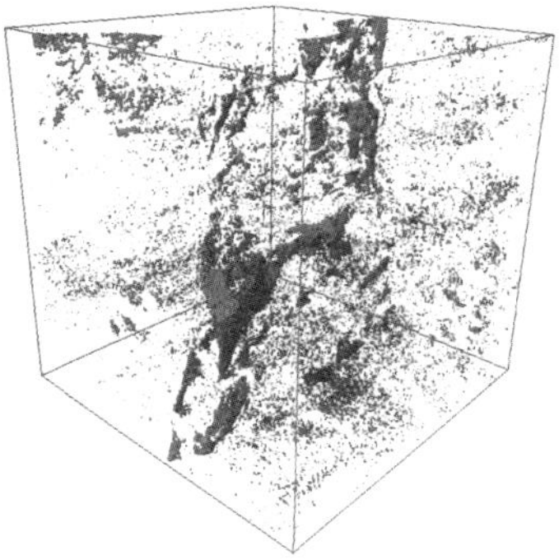

(a) $1^{\#}$

(b) $2^{\#}$

(c) $3^{\#}$

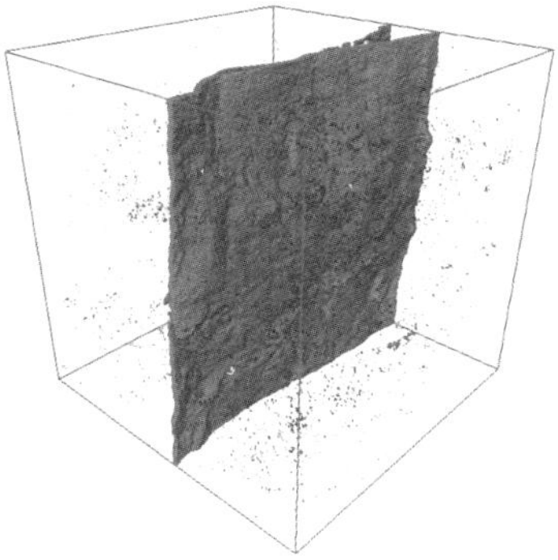

(d) $4^{\#}$

图 5-10　原生裂隙煤体三维孔裂隙图

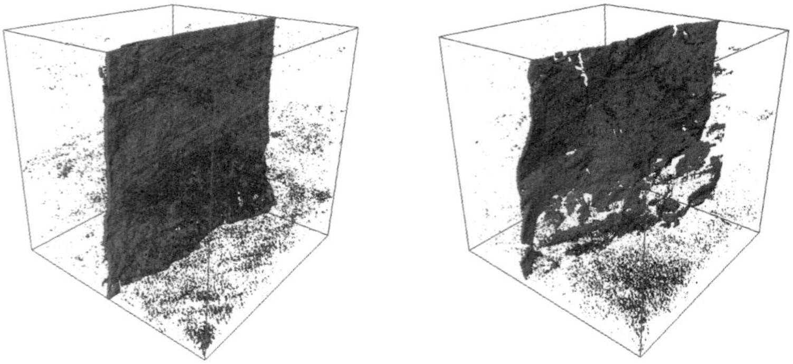

(e) 5#　　(f) 6#

图 5-10 （续）

图 5-10 更加直观地显示了单元体中孔裂隙的分布形态，可以看出单元体中宏观裂缝和孔隙共同存在，裂隙煤体的内部形成了大小不一、形状各异的孔裂隙结构。其中 1# 单元体贯穿裂缝不明显，试件中的孔裂隙分布最少，宏观的裂缝与其他单元体的之间存在明显的不同，其连通性和宽度明显小于其他单元体的，沿裂隙面内部分布的一些大孔隙并未呈现连通，周围一些零星的孤立孔隙随机分布在单元体中，其数量较少和体积较小；2# 单元体底部宏观裂缝发育明显，顶部存在一些零散分布的孔隙，由上到下裂缝开度逐渐增大；3# 单元体和 4# 单元体比较相似，它们均被一条宏观的纵向裂缝贯穿，裂缝呈现近似垂直状，并存在一定的宽度，它的周围分布大量的孔隙结构，呈现为团聚状，部分孔隙与宏观裂缝相连接，分布密度较大，基本布满整个单元体空间，但 3# 单元体裂缝的连通性明显较差；5# 单元体和 6# 单元体比较相似，除了中部存在一条纵向的大裂缝外，单元体中布满了大小不一的孔隙，与其他试件不同的是它们含有一些块状的大孔隙，这两个单元体中的孔裂隙结构所占的体积明显增大。整体而言，3# 模型内部的单孔分布较少，而其他模型中孔隙较为发育，几乎布满了整个空间，大量的孔隙集群为煤储层中的瓦斯提供了良好的储存空间；还可以看到每个模型在纵向方向都存在一条明显的贯通裂隙面，为煤中瓦斯的扩散和渗流提供了良好的通道。

为了对表征单元体中的孔裂隙情况进行定量分析，采用 Volume fraction 命令对各个单元体中的孔裂隙体积进行统计分析，计算出沿 Z 轴每层的孔隙度大小，如图 5-11 所示为各单元体每层孔隙度分布曲线，从中可以看出，各单元体中的孔隙度沿层位呈现上下波动变化。

通过分析各单元体孔隙度分布曲线发现，各单元体孔隙度曲线均呈现波动

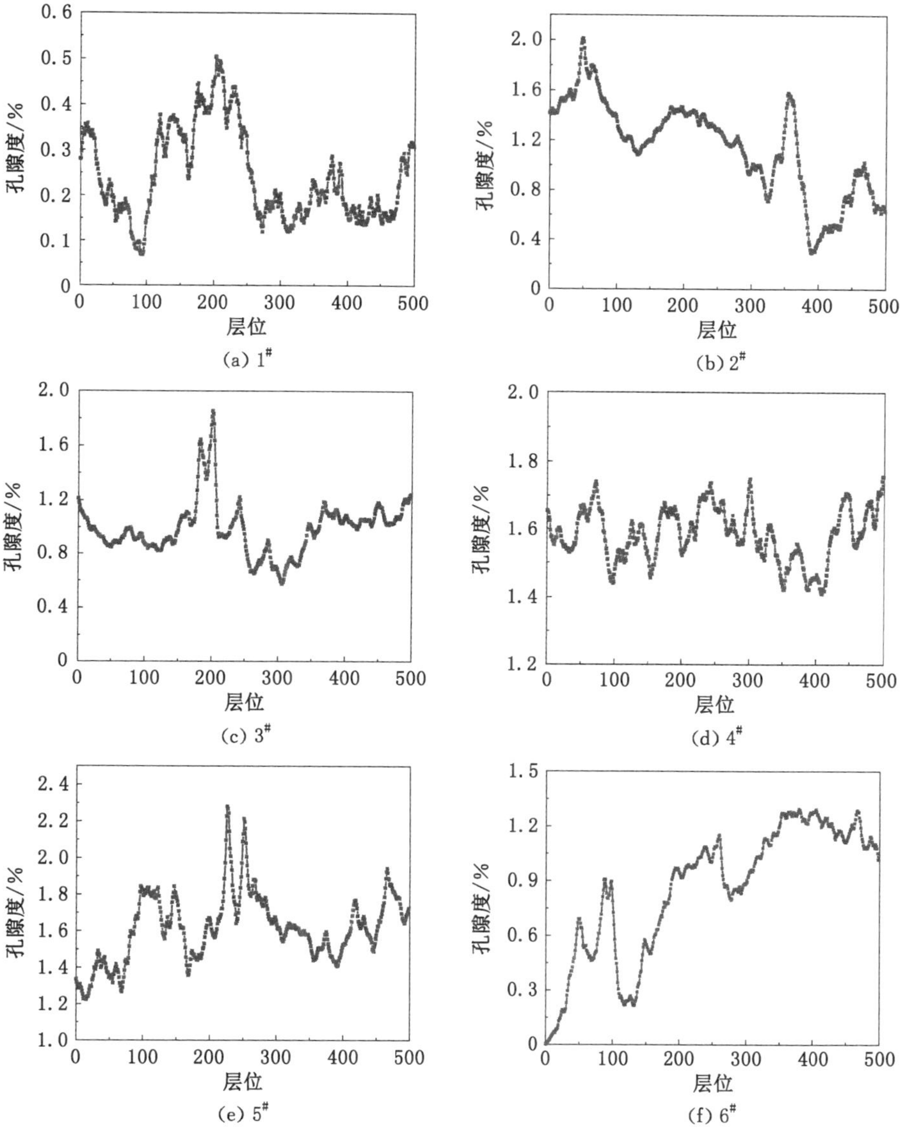

图 5-11　单元体中孔隙度分布图

变化，各曲线自身的规律性不明显，每条曲线的波动幅度与孔裂隙的分布相关，孤立孔隙的密度和贯穿裂缝的开度变化均会对其造成影响，但总体而言，最大孔隙度出现在 5# 单元体中，其值为 2.3%，最小孔隙度大小为 0.000 4%，出现在 6# 单元体中，这与上文所呈现的孔裂隙分布特征相符，这些孔隙度的分布与流体的运移相关。

5.3.3 裂隙单元体微观渗流模拟分析

本节对上述所得的表征单元体进行渗流模拟，从微细观层面分析孔隙-裂缝双重介质结构的渗流特性。模型假设单相流体从顶部沿贯穿裂缝向底部运移，分别在模型顶部和底部施加压力，大小分别为 2 MPa 和 0.1 MPa，流体动力黏度设定为 0.001 Pa·s。为了分析裂隙单元体中裂缝的主导作用，使流体沿裂缝面流动，以试件 Z 轴方向作为流体流入与流出的平面，四周表面没有流体流出，通过观察流线分布状况来分析连通情况，内置算法根据达西定律获得模型的绝对渗透率，如图 5-12 所示为不同单元体的微细观渗流模拟结果。

从图 5-12 中含裂缝单元体的流线分布可以看出，裂隙煤体的渗流在很大程度上依赖于贯穿的宏观裂缝，可以看出：$1^{\#}$ 单元体中几乎没有流线穿过；$2^{\#}$ 和 $6^{\#}$ 单元体中存在流线，但由于试件中宏观裂隙不连续导致流线存在中断；$3^{\#}$、$4^{\#}$ 和 $5^{\#}$ 单元体中贯穿流线的数量在不断增多，呈现出良好的连通性。模型上下表面的压力差驱动流体的运移，沿流体运移方向渗透压力在逐渐减小，单元体

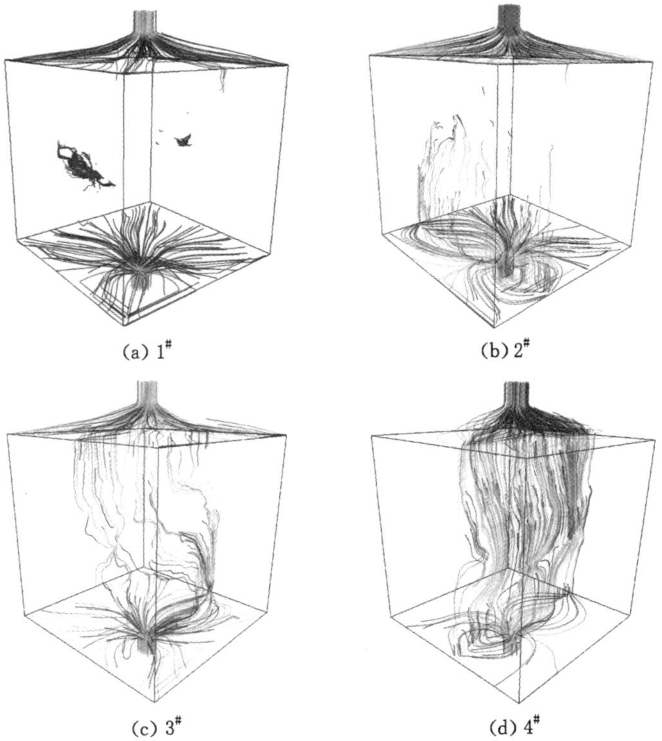

(a) $1^{\#}$ (b) $2^{\#}$

(c) $3^{\#}$ (d) $4^{\#}$

图 5-12 不同单元体微细观渗流路径图

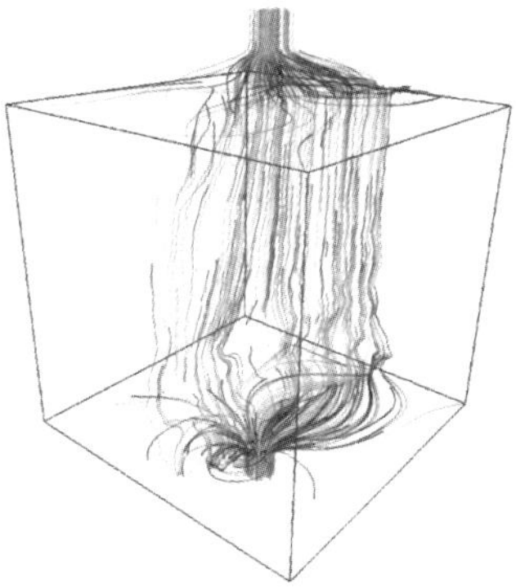
(e) 5#

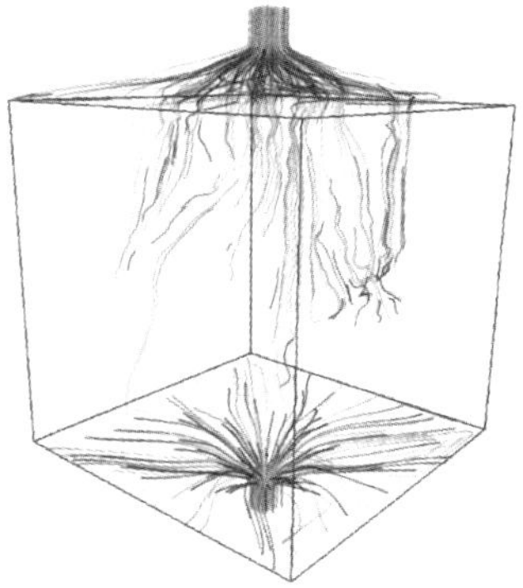
(f) 6#

图 5-12 （续）

中各部分的流速存在明显的差别，裂缝中的流速明显大于其他部分的流速。从整体上来看，随着单元体孔裂隙发育程度的不断增加，内部流线的数量也随之增加，说明原生裂隙煤体由上到下的连通性越来越好，在渗流过程中裂缝的主导性越来越明显。

结合原生裂隙煤体的三维孔裂隙重构模型可以看出，伴随模型尺寸的增加原生裂缝的形态也变得更加复杂，裂缝长度随之增加，形状呈现出弯曲状，从表面可以很明显地看出呈现为不完整的状态。由于试件原生裂隙已经存在，且是不连续分布的状态，所以在渗流模拟的过程中，渗流流线呈现出的状态也是断断续续的。裂缝的开度是影响渗流的一个主要因素，试件由于选取的位置不同得到的渗流通道也是不同的，试件内部的孔裂隙越大，在宏观上就表现为内部流体的流动过程越显著。而煤体的连通性越好，瓦斯在煤体中的运移过程越顺畅。反之，在没有裂隙通道的区域，由于压力的作用瓦斯会寻求新的孔裂隙继续流动，如果在没有孔裂隙的状态下，瓦斯会在原有的通道产生积聚状态，随着时间的推移瓦斯压力逐渐增加，可能会产生一些细小的微裂纹，在煤炭开采过程中由于卸压作用产生裂隙，瓦斯从孔隙中逸出，向原生裂缝内汇聚。

随着不同层数的增加试件内部的连通裂隙和渗流流线越来越多，内部连通程度大大增加，从而形成了良好的渗流通道，可以很明显地看出，试件主要是沿着裂隙面形成的裂隙通道运移。根据上文各单元体的平均孔隙度分布，将其与本节计算所得的绝对渗透率进行对比分析，得到如图 5-13 所示的平均孔隙度及绝对渗透率变化曲线。

由图 5-13 不同位置的裂隙煤样平均孔隙度和绝对渗透率变化曲线可以看出，孔隙度的变化与渗透率的变化规律大体上一致，总体上呈现先上升后下降的

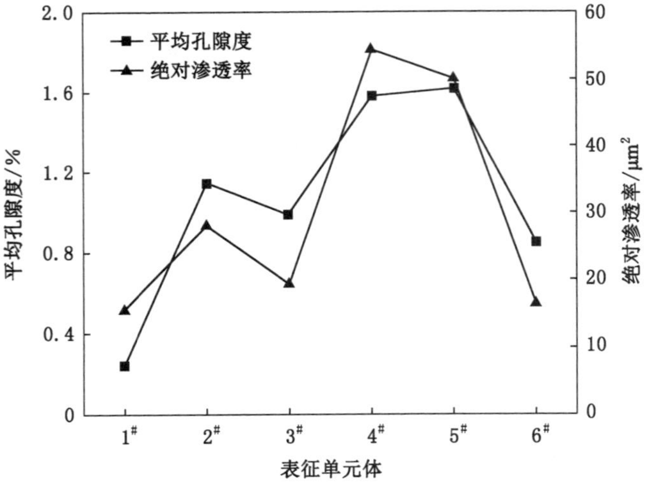

图 5-13　各单元体平均孔隙度及绝对渗透率变化曲线

趋势，这与前文中孔裂隙分布以及渗流流线的变化规律相对应一致，由于煤样的初始状态是中部含有裂隙，所以在渗流过程中，煤样的渗透率会随着裂隙的扩张而呈增加的趋势。另外，由图 5-14 绝对渗透率随孔隙度的变化曲线也可以看出，随着平均孔隙度的增加，绝对渗透率呈现逐渐递增的变化趋势。

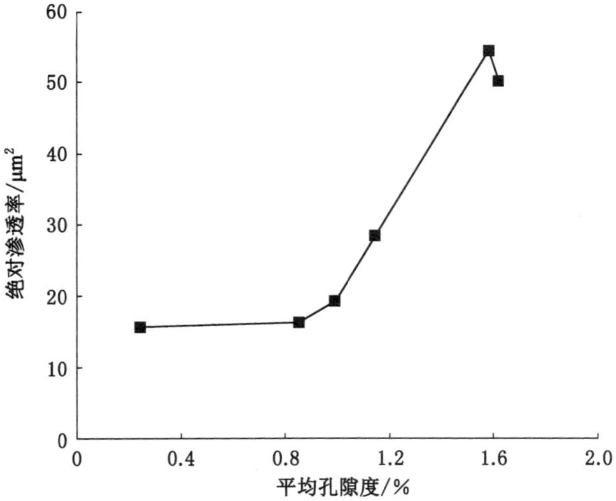

图 5-14　绝对渗透率随孔隙度变化曲线

5.4 本章小结

本章利用 CT 扫描技术对原生裂隙煤体进行扫描试验，获得裂隙煤体的内部孔裂隙结构特征，采用 Avizo 软件对裂隙煤体提取了表征单元，并对孔裂隙模型进行了三维重构，在此基础上对含裂隙的表征单元 REV 进行了渗流模拟，得到的主要结论如下：

（1）根据 CT 扫描结果可以看出该原生裂隙煤体内部存在一条明显的宏观裂缝，周围分布次生裂隙及孔隙，孔隙在局部区域呈现连片状聚集分布，同时存在一些孤立的孔隙，还可以看出宏观裂缝的尺寸明显大于孔隙的尺寸，建立孔隙网络模型更加直观地再现了宏观裂隙、孔隙及喉道的分布情况，原生裂隙煤储层结构得到了比较精细的表征。

（2）通过分析裂隙煤体表征单元的渗流模拟结果可以看出，原始不含裂隙的煤体渗透率较低，模拟结果中内部几乎没有流线分布，而含裂隙煤体的模拟结果表明流体沿主裂隙向下运移的同时，还会向周围连通的次生裂隙及孔隙中运移，并形成良好的渗流通道，从而导致裂隙煤体渗透率的增大。

（3）裂隙煤体内流体的渗流是一个复杂的过程，它受流体性质、地应力分布及孔裂隙结构的影响，将 CT 扫描技术与计算流体力学相结合，有助于深入理解不同尺度下多相流在煤储层中的渗流问题，这对于非常规资源的开发具有重要的意义。

第6章 废弃矿井采空区覆岩裂隙网络水气两相渗流特性研究

前文在对覆岩破裂机制进行探究的基础上，分别对含有单一裂隙煤岩体的渗流特性进行了分析，但采空区内的纵向破断裂隙和层间离层裂隙互相贯通，形成了纵横交错的裂隙网络。在此基础上，本章拟进一步探究流体在裂隙网络内的渗流特性。煤炭开采在导致覆岩发生破断垮落的同时也会引起水/气环境发生相应的改变，破裂岩体-水-瓦斯共同构成了废弃矿井采空区内固-液-气三相共存的复杂环境。其中采空区内遗留的煤炭不断向外释放瓦斯，在浮力的作用下瓦斯不断向上方冒落带和裂隙带运移，同时上方含水层内的积水也会向下方弯曲下沉带和裂隙带内不断渗透，它们在采空区裂隙带内形成了水气两相逆流的现象，而采动裂隙为流体渗流的主要通道，对水和瓦斯的运移起到一定的控制作用。

因此，在对采空区裂隙带破断裂隙进行统计分析的基础上，提取并建立纵横交错的裂隙网络模型，运用两相流理论来探究水气两相在其中的逆流特性，通过相场变化及渗流速度分析它们各自的优势渗流通道，这对于进一步揭示闭坑矿井在长期废弃过程中的瓦斯富集和积水演化具有重要的意义。

6.1 采空区覆岩裂隙分布特征

由于地质构造的复杂性和采矿条件的多样性，致使无法直接观察到采空区内部覆岩结构及裂缝网络特征，地下采空区覆岩结构及裂隙特征一直是困扰学术界的黑箱，目前普遍采用物理相似模拟试验的方法来研究覆岩的垮落和采动裂隙的演化规律，通过在实验室条件下对缩小的地质模型进行开采模拟，来观察并总结覆岩结构的演化规律及采动裂隙的分布和形态特征。本书针对已开采完毕的废弃矿井采空区这一研究对象，采用相似模拟试验着重对开采完成后覆岩的裂隙网络分布进行分析。

6.1.1　相似模拟试验过程

本书采用太原理工大学二维相似模拟试验系统开展试验。该系统主体部分由两张厚度较大的有机玻璃板和多个槽钢组成，立柱和底座采用厚度为 5 mm 的槽钢焊接而成，有机玻璃板通过高强螺栓与四周的槽钢固定，模型内部尺寸为 210 cm×180 cm×20 cm(长×高×宽)。相似模拟试验模型制作流程如图 6-1 所示，试验前首先准备好细沙、石膏和水泥等相似材料，并根据各个岩层的强度设计相对应的配比，试验时根据地层条件从腔体底部由下到上依次铺设不同配比的岩层材料，将材料混合均匀后倒入空腔内，用铲子等工具将其摊平压实，并在各个岩层间均匀地撒一层云母粉来模拟层理，铺设完毕后对岩层顶部均匀施加覆压，之后将模型整体静置几天，待各岩层固结稳定后进行开挖作业。考虑边界效应的影响，两端各留设 10 cm 保护煤柱。根据采煤循环对模型进行分步开挖，每次开挖步距为 5 cm，其中值得注意的是每次开挖完毕后，需要待覆岩运移稳定后再进行下一次开挖作业，直至最终开挖完成，对开采完毕后采空区覆岩结构及裂隙网络进行统计分析。

如上所述，众多相似模拟试验装置及试验过程大同小异，不同的是所依据的工程背景、监测手段和相似条件等。为了总结分析采空区覆岩裂隙网络的分布规律，本书分别对所参与开展的相似模拟试验结果进行统计分析。大多数文献中的研究重点在于开挖过程中覆岩的破断和矿压的显现规律，而本书的重点在于对相似模拟开挖完毕后覆岩的裂隙网络进行分析，其中所涉及的具体工程背景及操作细节在此不再赘述。

6.1.2　覆岩破断裂隙整体形态特征

随着工作面的推进，顶板岩层逐渐发生破断，岩块经历了断裂下沉、回转稳定的动态过程，裂隙在横向和纵向呈现动态扩展延伸，待开挖完毕覆岩运动趋于稳定后形成了如图 6-2 所示的形态。采场覆岩裂隙带空间分布整体上呈现“梯形”状，两侧的垮落角度约为 63.5°，在垂直方向从下到上可以依次划分为垮落区、裂隙贯通区和弯曲下沉区。其中强度较低的直接顶伴随着煤炭的开采，呈现出随采随冒的垮落状态，本身垮落的块度较小并在采空区底部堆积，当被上方垮落的岩块再次挤压后形成了相对破碎的垮落区。随着工作面的推进，裂缝高度不断增加，底部垮落岩块的碎胀效应使上方岩层断裂空间变小，坚硬岩层断裂后相互挤压形成铰接岩梁结构，断裂块度相对较大，形成裂隙贯通区。上方岩层变形的空间更加有限，两侧出现未贯穿的裂缝，中部下沉呈现出弯曲状，称之为弯曲下沉区。在横向可以明显地看出两侧的岩块呈现倾斜状，破断裂隙呈现张开

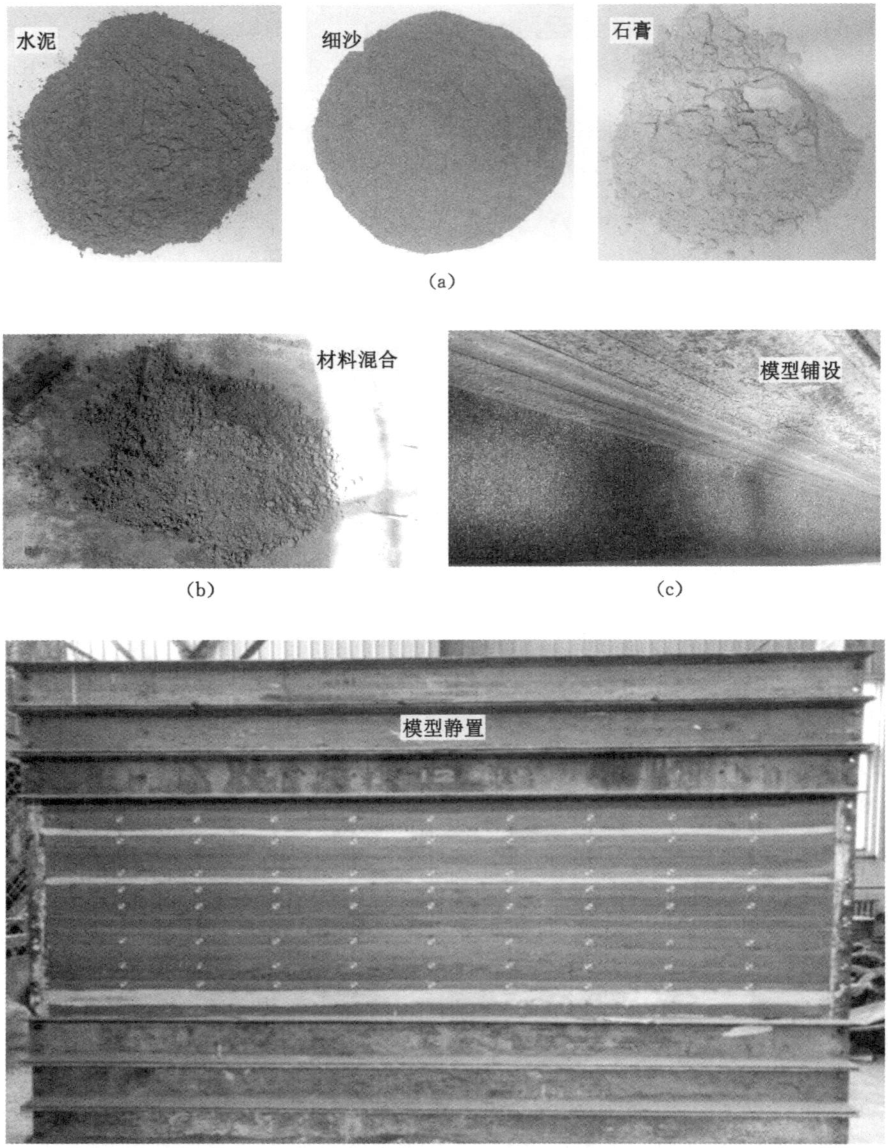

图 6-1　相似模拟试验模型制作过程

的特征，中部岩块回转基本稳定，裂隙闭合，因此横向可以划分为两侧裂隙发育区和中部压实区。

采空区裂隙带内主要包含断裂块体和采动裂隙两个部分。裂隙分布比较复

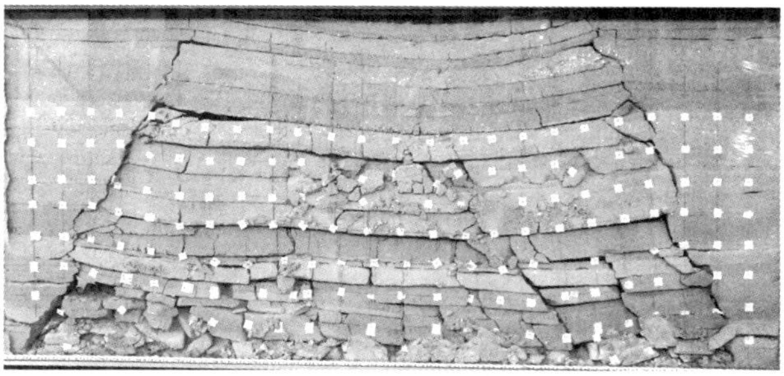

图 6-2 覆岩破断裂隙网络分布图

杂，主要包括纵向破断裂隙和层间离层裂隙两个部分，它们相互贯通，将岩层分割为不同的碎块，自底部向上方破裂岩块的块度逐渐增加，纵向贯穿裂隙的个数逐渐减小。相比较而言，裂隙场两侧裂隙的开度明显大于中部区域，纵向贯穿裂隙主要分布在模型的中下部，上部及顶部层间离层裂隙较为发育，且裂隙形态存在明显的不同，横向层间离层裂隙总体呈现为水平直线状，其长度与破裂块体的长度相当，而纵向贯穿裂隙以弯曲状和倾斜状为主，这种裂隙的高度由岩层的厚度决定。

6.1.3 采空区块体破断裂隙特征分析

上节对采空区裂隙的整体形态进行了分析，在此基础上本小节进一步对岩层块体纵向破断裂隙形态特征进行分析，同时与前文理论推导所得的破裂迹线形态进行对比验证。如图 6-3 所示为采用照相技术得到的岩层在垮落时的形态特征，其中图 6-3(a)、(b)取自文献[299]，它所展现的是关键层破断时砌体梁三个块体的交替回转下沉的演化过程，此时 A 块体尚未发生破断，B 块体处于回转状态，C 块体已经下沉稳定，通过它们端部铰接处的断裂痕迹可以看出断裂路径为存在拐点的曲线，这与前文所推导的破裂迹线形态相似。另外，通过分析其他大量文献中的相似模拟覆岩破裂图，可以观察到关键岩层破断的痕迹也呈现类似的弯曲状，这在一定程度上验证了前文关于块体破裂迹线理论分析的正确性。

从图 6-3 还可以看出，各个岩层由于强度及岩性不同而逐个发生断裂时，裂隙分布与各个岩层自身的破断步距相关，不同岩层间的纵向贯穿裂隙不在一条线上，呈现出错位分布，但它们与离层裂隙相沟通。另外，由图 6-3(d)可以看出，在覆岩破断的过程中也存在多岩层复合断裂的情况，此时多个岩层犹如黏结在一起同时发生断裂，相较而言这些裂隙呈现倾斜状，开度较大，整体长度较长，呈现出平行分布的特征。值得说明的是，在针对采空区覆岩采动裂隙而建立裂隙网络模型时，需要充分考虑这些裂隙的形态特征及其开度变化。

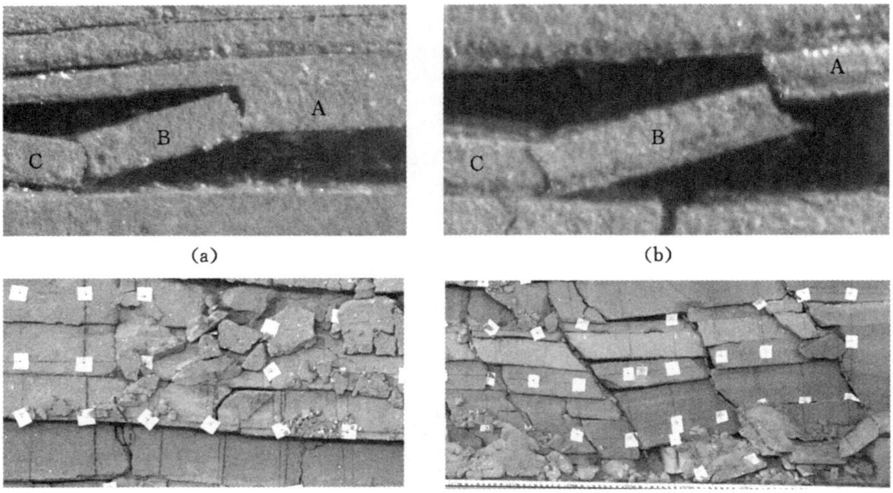

(a) (b) (c) (d)

图 6-3 岩层断裂块体裂隙特征

6.2 基于图像识别的裂隙网络统计分析

前文通过相似模拟试验获取了采空区覆岩破断裂隙形态特征，本节在此基础上运用数字图像相关技术对覆岩的裂隙网络进行提取，并对裂隙个数、面积、长度、开度和迹长等几何形态参数进行统计分析。

6.2.1 覆岩裂隙提取过程

利用 ImageJ 图像分析软件进行分析，识别分析流程如图 6-4 所示。在对采空区覆岩裂隙网络进行提取之前，首先要设定比例尺，对识别区域进行尺寸标记，将像素转化为实际尺寸，以便于后期相关数据的统计分析，将获得的 RGB 彩色图像转化为灰度图像(亮度值变化由 0 到 255 显示为黑色到白色)，由于裂缝与周围的破裂岩块在灰度上存在差异，通过调节灰度阈值对图像进行分割使裂缝与背景分开；然后进行二值化处理，使岩块与裂隙分别以白色和黑色表示，同时为了减小数据统计时的误差，需要对二值化图像进行降噪处理来去除伪裂缝，例如岩层背景中的某些颗粒或线条在照片中体现为较低的灰度值，而某些孤立的黑色斑点是由于制作模型时本身存在的，它们不是由于开挖引起的真正裂隙，它们的存在无疑会对后期定量分析产生误差，需在二值化后将其预先去除；最后分别对裂隙网络的骨架和边缘轮廓进行提取，其中骨架是沿裂缝中轴线生成的主干部分，边缘轮廓是裂隙的轮廓线，导出相关数据进行统计分析。

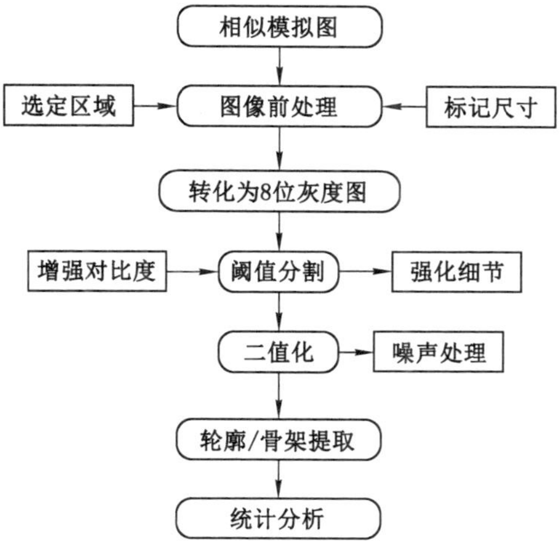

图 6-4　数字图像分析流程

根据上述流程对相似模拟图片进行处理，得到如图 6-5 所示的结果。将原始图像转化为灰度图像后获得灰度直方图，调节灰度阈值使蓝色尽量覆盖图像中的裂缝进行分割，对阈值分割后的图像进行二值化处理得到黑白图像，通过观察图 6-5(c)可以发现此时裂隙的轮廓已比较明显，但是在采空区外部和岩块上存在一些黑色的条纹和斑点，一部分黑色的斑点在采空区的外部，一些条纹是制作模型时做的标志线，这些黑色的斑点和条纹并不是开挖引起的真实裂隙，需要通过均值滤波和开闭算法对其进行噪声去除，降噪后的图像显示了比较清晰的裂隙网络，所提取的骨架和轮廓清楚地反映了裂隙的分布位置和形态特征，这两个图像是接下来对每条裂隙进行统计分析的基础。可见经过上述处理后，裂隙网络与原始图像中的裂隙基本吻合，运用该方法提取采空区覆岩裂隙取得了良好的效果。

由图 6-5 分析得到的裂隙网络骨架和边缘轮廓可以看出，采空区覆岩裂隙网络纵横交错，层间离层裂隙和纵向贯穿裂隙互相贯穿，整体形态呈现梯形状，两侧边缘裂隙开度较大，呈现张开状，纵向贯穿裂隙形态各异，呈现为倾斜状和弯曲状，层间裂隙以水平状和弯曲状为主。随着层位的增加破裂块度逐渐增大，相比较而言，采空区下部纵向破断裂隙更加发育，而上部弯曲下沉带以横向离层裂隙为主，同时存在一些尚未贯穿的纵向裂隙；在右下角侧存在 3 条倾斜的贯穿裂隙与层间裂隙互相沟通，裂隙网络的开度普遍存在变化。

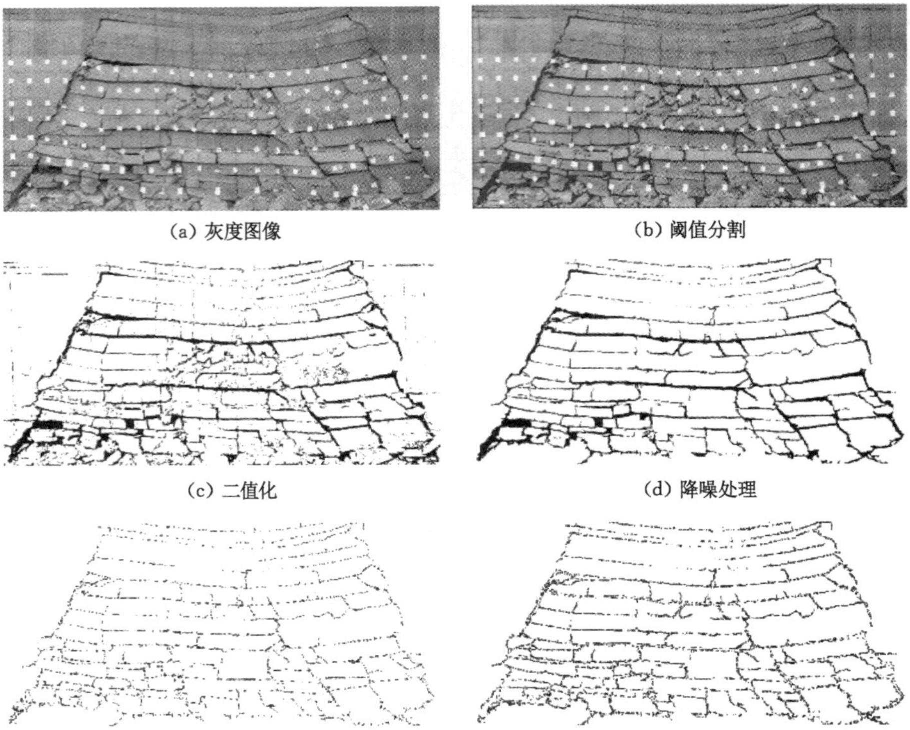

(a) 灰度图像　(b) 阈值分割

(c) 二值化　(d) 降噪处理

(e) 裂隙骨架　(f) 边缘轮廓

图 6-5　采空区裂隙网络识别分析过程

6.2.2　裂隙几何参数统计

为了更好地反映出裂隙网络内部每条裂隙的几何形态特征，按照如图 6-6 所示的方法，根据岩层层位和裂隙破坏特征分别进行统计分析，将层间离层裂隙的层位从顶部到底部编号为 A、B、C、…、N，为了区别纵向破断裂隙和横向离层裂隙，分别用符号 V 表示纵向贯穿裂隙，用大写字母 H 表示横向离层裂隙，沿着层间离层裂隙从左到右依次对每条裂隙进行数字编号，分别统计纵向贯穿裂隙和层间离层裂隙的周长、面积、迹长和角度等基本信息。

在对裂隙几何信息进行定量统计分析时，裂隙骨架上两个相邻节点之间为一条裂隙，骨架的长度为裂隙的迹长；由于大多数裂隙沿迹线其宽度存在变化，采用面积与迹长的比值表示裂缝的开度，它反映了裂隙发育的张开程度；裂隙的面积和周长可以通过边缘轮廓自动识别计算；在对裂隙角度进行统计时，规定以开度较大的点为原点，顺时针方向为正，逆时针方向为负。层间离层裂隙大多以

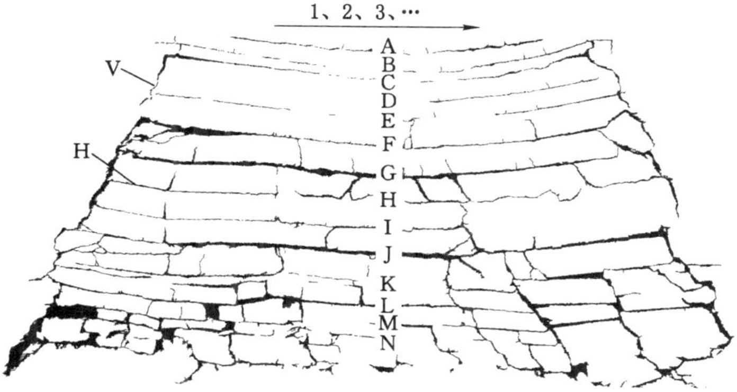

图 6-6　采空区覆岩裂隙统计示意图

水平为主，纵向破断裂隙以垂直为主，从上到下分别对每一层位的层间离层裂隙和与其相连接的纵向破断裂隙进行统计，统计结果如表 6-1 所示。

表 6-1　裂隙网络统计参数值

编号	长度/mm	宽度/mm	倾角/(°)	面积/mm²	周长/mm	迹长/mm	开度/mm
A-V-1	13.236	4.073	−81.254	24.621	32.726	13.367	1.841 92
A-V-2	13.236	6.618	−114.775	19.178	33.096	14.650	1.309 08
A-V-3	14.763	5.091	−72.350	29.285	38.660	12.077	2.424 86
A-V-4	17.309	8.145	−93.576	55.720	43.751	16.334	3.411 29
A-H-1	96.216	12.727	−6.892	215.365	208.582	93.032	2.314 96
A-H-2	71.271	6.618	−7.512	157.312	154.053	67.692	2.323 94
A-H-3	101.816	12.727	−7.052	208.627	237.112	99.178	2.103 56
A-H-4	66.690	7.636	−0.458	155.757	153.107	63.806	2.441 10
A-H-5	59.053	9.673	−8.820	113.514	155.834	59.813	1.897 82
A-H-6	174.615	22.909	5.711	576.639	405.709	174.289	3.308 52
A-H-7	90.107	16.800	10.066	349.611	204.480	87.380	4.001 04
B-V-1	18.327	7.127	81.119	59.867	46.631	16.488	3.630 94
B-V-2	8.145	3.054	−110.556	13.217	24.159	8.699	1.519 37
B-V-3	11.200	2.545	−74.745	19.437	28.232	11.524	1.686 65
B-V-4	13.745	5.091	−72.897	25.657	34.166	12.354	2.076 82
B-V-5	14.763	6.618	−66.038	19.696	35.009	15.336	1.284 30
B-V-6	20.872	12.727	−75.964	112.736	64.208	18.891	5.967 71

表 6-1(续)

编号	长度/mm	宽度/mm	倾角/(°)	面积/mm^2	周长/mm	迹长/mm	开度/mm
B-V-7	34.108	4.582	−90.000	82.155	78.986	34.280	2.396 59
B-H-1	49.890	5.600	−2.517	97.445	112.010	46.371	2.101 42
B-H-2	60.072	10.182	−9.620	105.739	135.551	60.928	1.735 48
B-H-3	37.672	5.091	−7.696	68.937	87.255	38.014	1.813 46
B-H-4	44.799	6.109	−6.116	74.639	98.455	43.008	1.735 47
B-H-5	50.908	4.582	−5.143	75.935	113.131	51.114	1.485 60
B-H-6	69.744	2.036	−1.660	99.260	156.562	69.943	1.419 16
B-H-7	61.599	4.582	3.783	90.448	137.588	61.587	1.468 62
B-H-8	298.321	73.817	12.061	709.330	680.475	304.239	2.331 49
B-H-9	43.781	3.054	−0.690	72.307	94.186	42.085	1.718 12
C-V-1	62.108	24.436	−110.389	395.224	149.797	61.371	6.439 92
C-H-1	141.015	24.436	−7.651	789.930	313.640	137.659	5.738 31
C-H-2	234.686	26.472	−5.773	420.363	510.486	232.813	1.805 58
C-H-3	31.054	4.582	3.814	46.649	68.434	30.613	1.523 83
C-H-4	325.812	80.944	14.538	1 011.256	780.565	324.657	3.114 84
D-V-1	11.709	8.654	−55.008	22.288	33.518	12.592	1.770 01
D-V-2	90.616	86.035	−46.219	514.180	316.050	118.458	4.340 61
D-H-1	212.287	25.963	6.417	360.237	481.998	209.658	1.718 21
D-H-2	207.705	41.745	10.985	356.350	464.783	210.864	1.689 95
E-V-1	59.562	44.799	51.593	200.333	194.331	72.112	2.778 08
E-V-2	12.727	5.091	97.125	20.733	35.133	12.293	1.686 57
E-V-3	8.145	4.582	74.055	13.217	21.104	7.657	1.726 13
E-V-4	9.673	6.109	−51.843	17.364	25.548	9.223	1.882 69
E-V-5	41.236	31.054	−53.130	241.022	145.251	45.817	5.260 54
E-H-1	114.034	12.218	−5.685	185.302	250.719	113.063	1.638 93
E-H-2	193.451	24.945	−6.456	278.342	424.641	194.685	1.429 70
E-H-3	14.763	0.509	−1.909	21.770	31.759	14.937	1.457 46
E-H-4	24.945	9.163	12.529	49.500	59.888	23.467	2.109 35
E-H-5	48.363	11.200	8.940	112.736	126.707	45.865	2.458 00
E-H-6	119.125	19.854	8.024	193.336	272.172	116.740	1.656 13
E-H-7	207.705	41.745	10.771	356.350	464.783	212.467	1.677 20

表 6-1(续)

编号	长度/mm	宽度/mm	倾角/(°)	面积/mm²	周长/mm	迹长/mm	开度/mm
F-V-1	80.944	69.235	50.906	647.131	277.245	94.456	6.851 14
F-V-2	127.270	44.290	19.085	755.721	424.533	127.670	5.919 33
F-V-3	95.707	24.436	13.559	158.349	228.238	89.025	1.778 70
F-V-4	68.217	29.018	71.378	194.373	241.474	98.846	1.966 42
F-V-5	44.290	22.400	108.435	134.506	117.616	48.296	2.785 03
F-V-6	92.144	72.290	−49.980	688.338	338.245	107.680	6.392 44
F-H-1	671.478	76.871	−4.930	4 325.179	1 650.750	639.736	6.760 88
F-H-2	480.572	61.090	6.838	1 586.080	1 098.223	478.888	3.312 01
F-H-3	46.326	41.236	38.660	300.111	145.592	58.675	5.114 80
G-V-1	75.853	36.654	68.769	864.828	246.547	75.880	11.397 30
G-V-2	37.163	7.127	79.144	138.912	93.581	37.923	3.663 00
G-V-3	60.581	10.691	−81.003	118.697	141.383	61.532	1.929 03
G-V-4	35.636	8.145	104.444	63.236	85.116	34.166	1.850 85
G-V-5	25.454	14.254	64.440	68.678	84.098	25.948	2.646 76
G-V-6	20.363	19.345	90.000	94.076	87.225	26.241	3.585 08
G-V-7	27.999	3.564	96.116	36.801	58.325	28.373	1.297 04
G-V-8	30.545	17.818	119.745	56.238	79.923	37.087	1.516 38
G-V-9	15.272	3.564	90.000	24.361	34.937	13.745	1.772 35
G-V-10	21.890	15.782	130.855	41.984	62.367	24.903	1.685 90
G-H-1	1 205.504	75.853	0.502	9 000.228	298.673	1 220.314	7.375 34
H-V-1	72.290	48.872	54.583	942.837	237.980	84.331	11.180 19
H-V-2	46.835	25.454	62.021	193.854	120.918	55.340	3.502 96
H-V-3	53.454	49.890	49.728	492.151	226.163	96.023	5.125 35
H-V-4	47.854	38.690	−54.077	397.298	143.483	61.330	6.478 04
H-V-5	53.963	45.817	−58.042	354.795	176.703	65.146	5.446 15
H-V-6	60.581	58.544	−51.399	329.656	232.242	77.649	4.245 46
H-V-7	214.323	199.560	−58.714	2 093.782	880.139	279.492	7.491 38
H-H-1	422.028	46.835	−4.641	1 051.167	936.813	415.244	2.531 44
H-H-2	115.561	20.872	−4.981	469.345	270.004	110.909	4.231 80
H-H-3	52.944	16.800	13.367	153.425	134.997	52.590	2.917 38
H-H-4	440.864	42.763	3.284	1 216.513	1 116.413	435.752	2.791 76

表 6-1(续)

编号	长度/mm	宽度/mm	倾角/(°)	面积/mm²	周长/mm	迹长/mm	开度/mm
H-H-5	149.670	32.072	9.866	420.104	349.689	154.169	2.724 96
I-V-1	50.399	42.254	53.130	394.188	208.411	55.999	7.039 20
I-V-2	43.781	9.163	85.601	163.791	102.054	39.826	4.112 67
I-V-3	49.381	21.381	96.674	187.116	175.293	48.165	3.884 90
I-H-1	166.469	37.672	−9.638	274.454	380.182	164.205	1.671 41
I-H-2	739.186	38.690	−1.832	2 180.342	1 864.113	732.433	2.976 85
J-V-1	58.544	26.981	56.310	250.611	158.283	60.572	4.137 41
J-V-2	41.745	8.654	94.764	165.346	102.970	36.781	4.495 42
J-V-3	39.708	21.890	72.255	181.414	111.209	40.088	4.525 39
J-V-4	61.599	38.690	34.778	262.273	202.106	66.938	3.918 15
J-V-5	65.671	46.835	123.071	527.916	229.320	78.367	6.736 46
J-V-6	30.545	8.654	90.000	128.545	80.200	29.018	4.429 84
J-H-1	210.250	41.745	−9.669	634.691	548.481	209.149	3.034 64
J-H-2	775.839	50.399	−1.695	7 455.614	1 934.966	774.651	9.624 48
J-H-3	130.834	18.836	2.095	657.757	319.996	125.318	5.248 70
J-H-4	333.448	65.162	8.027	3 077.048	814.237	320.810	9.591 50
K-V-1	121.161	66.181	26.017	510.552	370.405	142.754	3.576 45
K-V-2	40.726	14.763	82.200	160.941	106.323	37.696	4.269 45
K-V-3	51.926	16.291	80.440	89.930	134.750	49.043	1.833 70
K-V-4	60.581	24.436	94.803	293.891	180.035	61.018	4.816 46
K-V-5	28.509	5.600	83.991	55.461	67.313	29.134	1.903 65
K-V-6	65.671	22.400	86.764	325.509	220.846	53.933	6.035 43
K-V-7	63.126	46.835	−33.232	411.033	199.248	70.867	5.800 06
K-V-8	24.945	57.017	−66.371	244.909	143.266	61.841	3.960 30
K-V-9	60.072	57.526	123.341	301.925	236.170	92.698	3.257 08
K-V-10	65.162	31.054	−72.309	456.387	172.115	62.324	7.322 81
K-H-1	272.358	32.581	−1.232	1 068.531	672.555	284.133	3.760 67
K-H-2	219.414	38.181	−7.674	562.903	508.688	217.393	2.589 33
K-H-3	273.886	20.363	0.553	1 257.979	691.006	263.802	4.768 65
K-H-4	172.069	18.836	−4.899	254.000	360.288	178.807	1.420 53
K-H-5	1 277.793	568.137	3.488	1 832.545	616.604	225.041	8.143 16

表 6-1(续)

编号	长度/mm	宽度/mm	倾角/(°)	面积/mm^2	周长/mm	迹长/mm	开度/mm
K-H-6	130.834	21.890	3.106	532.581	333.994	131.385	4.053 59
L-V-1	67.199	29.527	24.513	230.137	175.396	69.837	3.295 35
L-V-2	120.143	58.035	−35.754	575.343	323.919	93.924	6.125 62
L-V-3	38.181	15.272	−85.389	183.229	114.541	31.885	5.746 56
L-V-4	32.072	17.818	94.399	178.823	101.407	33.261	5.376 36
L-V-5	60.581	53.454	96.649	481.267	237.205	83.427	5.768 72
L-V-6	112.507	48.872	−78.221	594.780	355.307	109.968	5.408 66
L-V-7	110.980	94.689	140.784	1 403.888	455.593	139.346	10.074 80
L-H-1	244.868	30.545	−7.941	639.875	561.274	239.848	2.667 84
L-H-2	235.704	21.381	1.622	1 057.128	564.154	233.506	4.527 20
L-H-3	151.197	11.200	−3.952	535.432	361.114	155.076	3.452 71
L-H-4	152.215	11.200	−2.019	541.652	357.093	158.921	3.408 31
M-V-1	37.672	29.018	54.866	317.994	148.604	33.717	9.431 27
M-V-2	90.107	90.107	−62.975	995.188	384.885	85.237	11.675 54
M-V-3	26.472	13.745	66.318	51.833	66.419	31.701	1.635 06
M-V-4	41.236	12.727	105.195	171.566	108.010	42.880	4.001 07
M-V-5	39.199	12.218	100.437	214.847	101.356	39.282	5.469 35
M-H-1	771.767	74.835	175.941	4 299.781	1 829.402	776.757	5.535 56
M-H-2	172.578	16.291	−3.347	559.793	397.027	174.314	3.211 41
M-H-3	203.632	16.800	1.225	1 045.984	462.994	190.637	5.486 78
N-V-1	217.887	158.833	−53.388	2 193.300	771.226	271.527	8.077 65
N-V-2	68.217	62.108	123.901	978.083	254.467	76.610	12.767 00
N-V-3	135.925	115.561	128.433	1 296.336	516.337	160.260	8.088 96
N-V-4	131.343	110.980	−51.201	650.759	491.046	163.062	3.990 87
N-V-5	41.236	28.509	−55.646	173.899	112.896	48.653	3.574 27
N-V-6	131.343	103.343	124.380	618.364	457.302	163.954	3.771 57
N-V-7	89.598	79.926	−49.268	577.934	347.336	120.440	4.798 52
N-V-8	70.762	9.163	−88.052	227.027	169.862	74.630	3.042 03
N-V-9	150.179	118.107	56.451	5 720.515	574.879	172.371	33.187 22
N-V-10	65.671	43.781	−84.890	477.638	236.950	62.394	7.655 19
N-V-11	68.726	47.854	39.198	393.151	226.337	67.730	5.804 68

表 6-1(续)

编号	长度/mm	宽度/mm	倾角/(°)	面积/mm^2	周长/mm	迹长/mm	开度/mm
N-V-12	62.108	44.290	123.789	412.847	232.221	81.632	5.057 42
N-V-13	52.435	42.763	130.030	348.316	175.788	66.665	5.224 87
N-V-14	250.468	119.125	26.420	2 070.457	795.339	269.910	7.670 92
N-H-1	249.450	38.690	−7.907	824.917	642.101	259.380	3.180 34
N-H-2	143.052	17.309	1.268	495.002	353.966	138.136	3.583 44
N-H-3	159.342	14.763	−3.033	836.061	355.580	153.525	5.445 77
N-H-4	163.415	27.490	8.863	1 063.348	372.983	152.358	6.979 27
N-H-5	226.032	41.236	4.546	1 791.079	626.542	211.955	8.450 28
N-H-6	164.433	11.200	−2.836	529.730	357.596	164.558	3.219 11
N-H-7	128.797	25.963	−4.662	959.423	346.604	119.166	8.051 15
N-H-8	57.017	11.200	−0.862	166.124	132.054	67.687	2.454 30
N-H-9	77.889	13.236	−2.231	206.812	189.484	78.770	2.625 52
N-H-10	159.342	14.254	−2.994	829.582	354.439	165.938	4.999 35
N-H-11	159.342	20.872	−5.856	321.881	327.238	159.687	2.015 70
N-H-12	170.542	22.400	−3.755	1 427.731	522.587	163.308	8.742 57
N-H-13	174.106	59.562	−13.292	1 024.991	488.690	161.800	6.334 93
N-H-14	107.416	25.963	−4.472	599.186	289.051	91.413	6.554 71
N-H-15	57.526	7.636	−2.651	209.404	126.017	55.313	3.785 80
N-H-16	87.053	25.963	−6.259	421.918	228.993	79.157	5.330 14
N-H-17	90.616	49.890	−2.759	422.955	314.999	84.348	5.014 41
N-H-18	109.961	39.708	8.085	764.273	330.109	90.627	8.433 17
N-H-19	110.980	23.927	−2.889	610.848	306.679	110.625	5.521 79

通过分析表 6-1 可以看出，采空区覆岩中裂隙总数为 163 条，其中层间离层裂隙 76 条，纵向破断裂隙 87 条；纵向破断裂隙的平均开度为 4.90 mm，层间离层裂隙的平均开度为 3.76 mm；纵向破断裂隙的平均迹长为 67.54 mm，层间离层裂隙的平均迹长为 195.53 mm；纵向破断裂隙和层间离层裂隙的平均周长分别为 196.94 mm 和 442.50 mm；纵向破断裂隙和层间离层裂隙的平均面积分别为 430.182 mm^2 和 892.743 mm^2。综上可知纵向破断裂隙的开度较大、迹长较小，横向离层裂隙的开度较小、迹长较大。

6.2.3　统计结果分析

根据上文裂隙几何参数的统计结果，分别对层间离层裂隙和纵向破断裂隙的几何参数（开度、迹长、面积、周长、角度等）分布特征进行了分析，如图 6-7 所示为裂隙网络几何参数分布直方图，由图可以看出：纵向破断裂隙开度集中分布在 1～7 mm 范围内，层间离层裂隙开度集中分布在 1～6 mm 范围内；离层裂隙

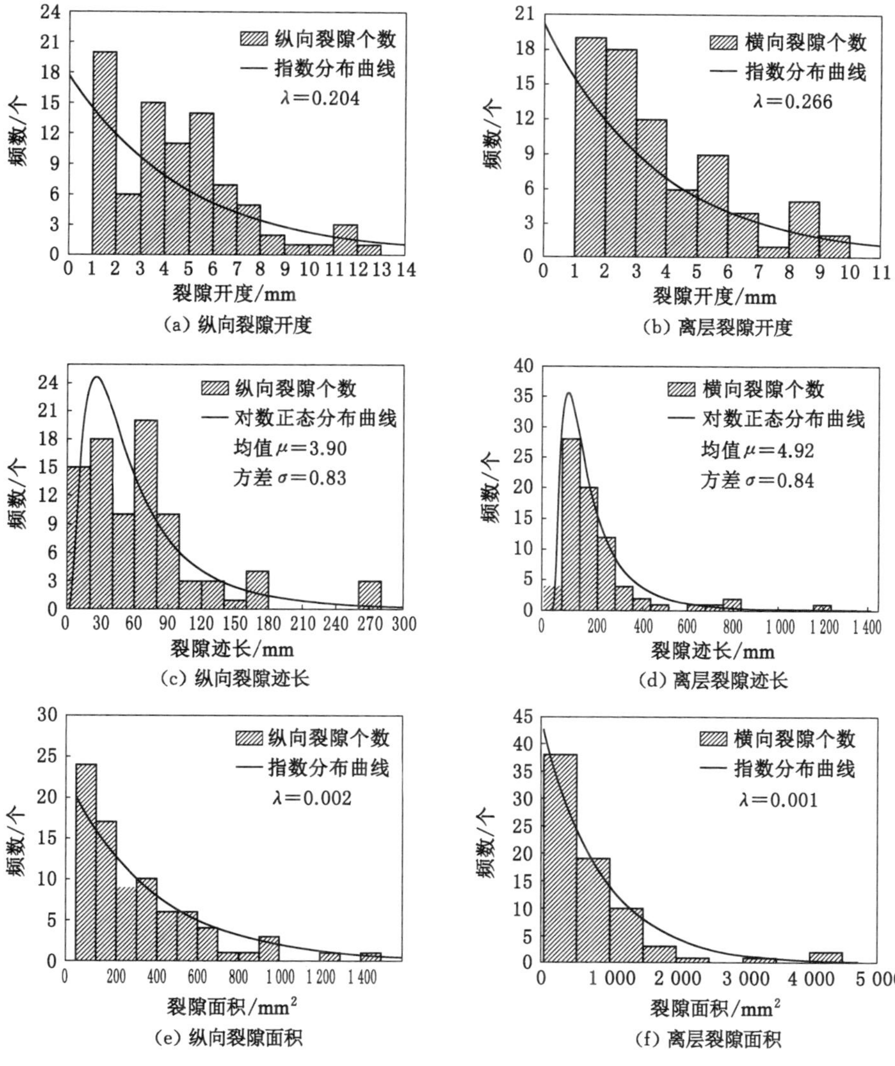

图 6-7　覆岩裂隙网络几何参数分布直方图

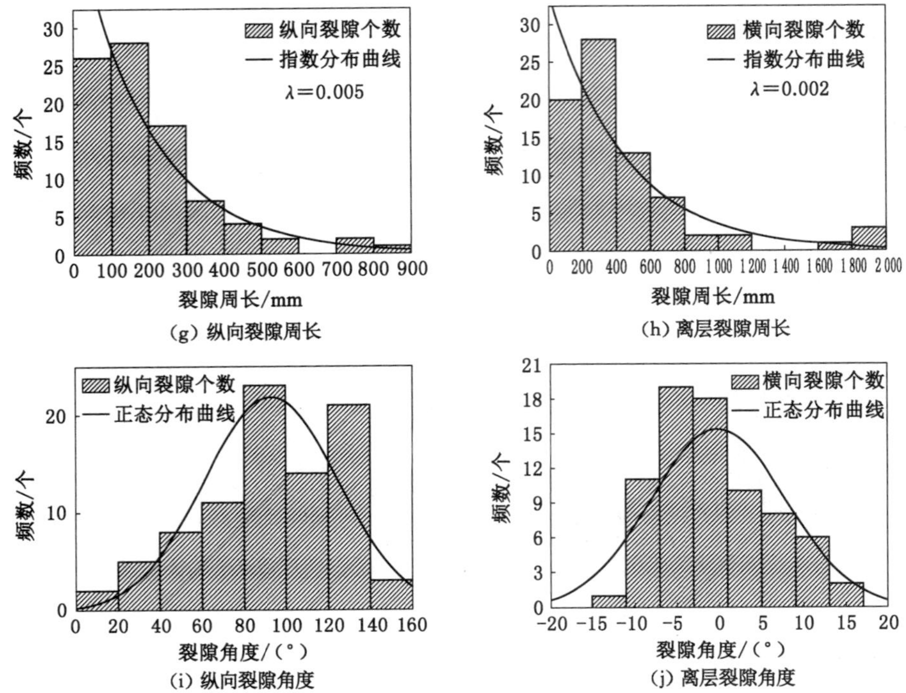

图 6-7 （续）

的迹长最大可达 1 200 mm，而纵向破断裂隙的迹长最大为 300 mm，层间离层裂隙的长度远大于纵向破断裂隙的长度；离层裂隙的面积和周长也比纵向破断裂隙的大。

另外，还可以发现两种类型裂隙的开度、面积和周长均随着各自参量的增加频数在逐渐减小，呈现出指数递减的趋势；裂隙的迹长呈现出对数正态分布的趋势；层间离层裂隙以 0°水平为主，纵向破断裂隙以 90°垂直为主，两种裂隙角度均呈现正态分布。

裂隙的空间几何参数（开度、迹长、面积、周长和倾角等）在覆岩裂隙网络中呈现为不同的分布特征，不同位置的分布特征存在明显的不同，例如中上部以层间离层裂隙为主，下部层间离层裂隙和纵向贯通裂隙相互沟通，采空区两侧裂隙开度较大等。因此，在对采空区裂隙网络进行建模时，需要充分考虑采空区裂隙的整体形态和内部不同位置裂隙的几何参数分布。

6.3　采空区覆岩裂隙网络水气两相渗流模拟

本节根据上文统计分析的覆岩裂隙分布特征，首先构建了采空区覆岩裂隙网络模型，然后基于废弃矿井采空区上方含水层水分不断下渗和下方瓦斯不断上浮的现象，利用流体分析计算软件对水气两相逆流这一过程进行了模拟分析。

6.3.1　裂隙网络几何模型及计算流程

在充分考虑采空区覆岩裂隙整体形态特征的基础上，结合层间离层裂隙和纵向破断裂隙的几何参数，建立了如图 6-8 所示的采空区覆岩裂隙网络几何模型。由图可见，模型整体呈现为梯形状，其中上、下两边长分别为 60 m 和 150 m，总高度为 86 m，两侧底角角度约为 60°；根据废弃矿井采空区中水气两相逆流的现状，顶部设置离层水水源区，下部边界呈现弯曲状，底部矩形为瓦斯源区，中间裂隙带包含破裂岩块和众多的大开度裂隙，裂隙开度最大可达 0.5 m；由于采空区边缘普遍存在向上扩展的裂隙，在模型两侧各设定一条从垮落带延伸至弯曲下沉带的弯曲状连通裂隙，内部横向离层裂隙和纵向贯穿裂隙纵横交错、互相连通，随着层位的增加岩块块度逐渐增大，纵向裂缝个数逐渐减小。

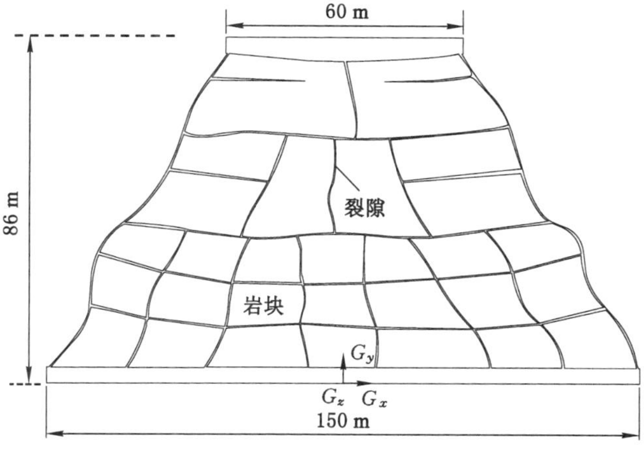

图 6-8　采空区覆岩裂隙网络几何概化模型

建模及计算模拟过程：首先采用前处理软件 Gambit 建立上述的裂隙网络模型，并保证模型中各个裂隙的连通性，利用其强大的网格划分功能生成高质量的四面体网格，间距设定为 0.05 m，单元总数为 150 万个，节点个数为 516 603 个，然后将网格划分后的文件导入流体计算软件 Fluent 中进行计算，包括选取多相流 VOF 模型、定义水气两相材料参数、设定边界条件及初始条件等一系列的参数(表 6-2),最后采用瞬态法进行求解计算,输出模拟结果。

表 6-2 裂隙网络两相渗流数值模拟参数

名称	符号	单位	参数值
重力加速度	g	m/s^2	-9.81
液体的密度	ρ_w	kg/m^3	998.2
液体动力黏度系数	μ_w	$N \cdot s/m^2$	0.001 003
气体的密度	ρ_g	kg/m^3	1.225
气体动力黏度系数	μ_g	$N \cdot s/m^2$	$1.789\ 4 \times 10^{-5}$
表面张力系数	σ	N/m	0.072
库朗数	Co		0.25

初始条件及边界条件:考虑闭坑过程中水气逆向运移的情况,在模型上方设置一个水源区,底部设置为瓦斯源区;模型顶部设置为水源进口,在计算过程中上方始终保持满水状态,在重力作用下水沿裂隙向下方流动;模型底部为瓦斯源进口,与外界相连通,压力入口边界条件为大气压,初始计算时下方裂隙内充满瓦斯。内部裂隙面在计算中作为墙边界处理,在渗流的过程中存在边界层和黏性剪切应力,由于与大开度裂缝相比岩块本身的渗透率可以忽略不计,将岩块视为不透水的刚性体,在计算过程中没有考虑流体与岩块之间的耦合作用。

6.3.2 两相裂隙流控制方程与求解方法

为了观察裂隙网络中水气逆流过程中的相场分布,通过欧拉多相流模型来追踪水气两相间的交界面。对于瓦斯和水不相混溶的流体而言,为了方便,以下标 g 和 w 分别表示瓦斯相和水相。在 VOF 模型中采用体积分数 α 来表示单元体中流体相的状态,其中包括以下三种情况[300]:

$$\alpha_i(x_i,t) = \frac{V_i}{V} = \begin{cases} 0 & x_i \in \text{气体} \\ 0 < \alpha_i < 1 & x_i \in \text{交界面} \\ 1 & x_i \in \text{液体} \end{cases} \tag{6-1}$$

相对应的密度和动力黏度系数分别表示为:

$$\begin{cases} \rho = \alpha\rho_w + (1-\alpha)\rho_g \\ \mu = \alpha\mu_w + (1-\alpha)\mu_g \end{cases} \tag{6-2}$$

在求解运算过程中,不同的流体组分共用着一套动量方程,控制体内流体质量的变化与通过边缘流出的流体质量相等,由质量守恒定律和动量守恒方程推导得到连续性方程和动量方程如下[301-302]。

连续性方程：

$$\frac{\partial \rho}{\partial t} + \nabla \cdot (\rho \boldsymbol{v}) = 0 \tag{6-3}$$

动量方程：

$$\frac{\partial}{\partial t}(\rho \boldsymbol{v}) + \nabla \cdot (\rho \boldsymbol{v} \otimes \boldsymbol{v}) = -\nabla p + \rho \boldsymbol{g} + \nabla \cdot [\mu(\nabla \boldsymbol{v} + (\nabla \boldsymbol{v})^{\mathrm{T}})] + \boldsymbol{F}_{\mathrm{s}} \tag{6-4}$$

$$F_{\mathrm{s}} = \sigma \frac{\rho k \ \nabla \alpha_{\mathrm{w}}}{0.5(\rho_{\mathrm{w}} + \rho_{\mathrm{g}})} \tag{6-5}$$

式中　t——时间，s；

g——重力加速度，$\mathrm{m/s^2}$；

ρ——两相流体的综合密度，$\mathrm{kg/m^3}$；

$\boldsymbol{v}$——水气两相流体的速度矢量，m/s；

μ——流体的动力黏度系数(在温度为 20 ℃、标准大气压为 101.325 kPa 下)；

p——流体的压力，Pa；

F_{s}——水气两相交界面上的表面张力，N，在模型计算中把其作为一项体积力；

σ——表面张力系数，N/m；

k——两相界面的曲率；

α_{w}——液相水的体积分数；

ρ_{w} 和 ρ_{g}——水和瓦斯的密度，$\mathrm{kg/m^3}$。

在 VOF 模型流场计算过程中，在每个单元内会记录下流体组分所占的体积分数，通过求解如下体积分数方程来追踪两相分界面。

体积分数方程：

$$\frac{\partial(\rho_{\mathrm{w}} \alpha_{\mathrm{w}})}{\partial t} + \nabla \cdot (\rho_{\mathrm{w}} \alpha_{\mathrm{w}} \boldsymbol{v}) = 0 \tag{6-6}$$

在流体软件 Fluent 中计算在给定边界条件和初始条件下采空区裂隙网络内水气两相的渗流特征，采用 SIMPLE 算法对式(6-3)、式(6-4)和式(6-6)进行迭代耦合求解。采用瞬态法进行计算，设置迭代步数为 10 000 步，时间步长为 0.001 s，计算时长为 10 s，每个时间步最大迭代次数设置为 20 次，通过设定自动保存获得不同时刻裂隙网络中速度场、压力场和相场等计算结果。

6.3.3　水气两相渗流计算结果分析

如图 6-9 所示为渗流过程中采空区裂隙网络内不同时刻水-气相场分布图。由图可见，在渗流的过程中水流沿两侧裂隙率先向底部运移，水在采空区两侧裂

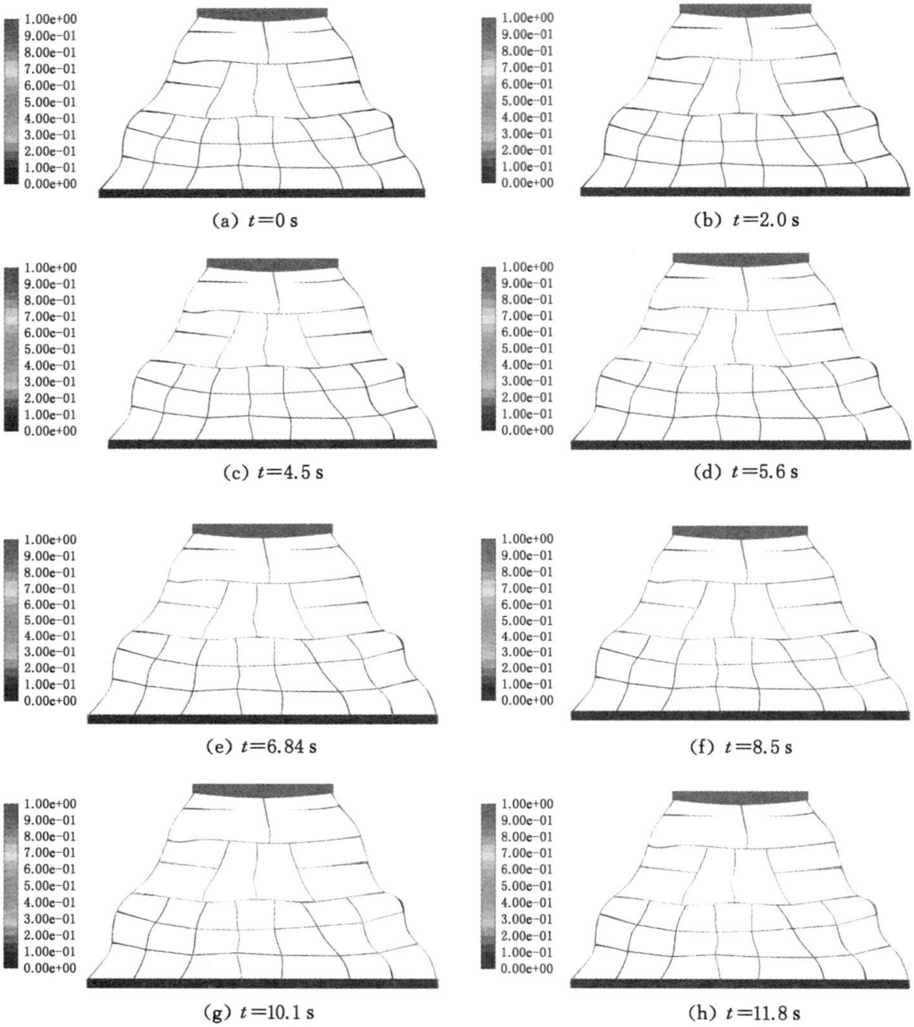

(a) t=0 s (b) t=2.0 s

(c) t=4.5 s (d) t=5.6 s

(e) t=6.84 s (f) t=8.5 s

(g) t=10.1 s (h) t=11.8 s

图 6-9 采空区裂隙网络内不同时刻水-气相场分布图

隙中的运移速度大于在中部的渗流速度，当计算到 4.5 s 时水流已经通过两侧裂隙到达底部，形成了明显的优势渗流通道。值得说明的是，在两侧裂隙与横向层间离层裂隙的交叉点处，水并未向开度较大的横向层间离层裂隙中运移，而是继续沿两侧裂隙流向底部，导致高位横向离层裂隙中的气体无法被完全排出，形成了气体滞留的死区。同时，纵向破断裂隙间渗流速度的不均衡导致某些连通的层间离层裂隙和纵向破断裂隙两端存在被水封堵的现象。另外，在驱替的过程中，由于气液相之间存在一定的速度差，界面变化比较复杂，存在层状流、间断流和泡状流等流型，同时在裂隙网络交叉点处存在偏流现象。

根据不同时刻裂隙网络内的相场分布来分析水气两相逆流过程。初始时刻($t=0$ s)，上方离层水源区充满水($\alpha=1$)，裂隙网络及底部全部为气体($\alpha=0$)；随着时间的推移，上方水分在重力作用下开始沿裂隙网络通道向下方渗流，当 $t=2.0$ s 时，纵向破断裂隙中的水流到达与层间离层裂隙的交叉点处，中间裂隙中的水流继续沿横向裂隙向两端运移；当 $t=4.5$ s 时，水流沿两侧裂隙率先到达底部，而此时中间裂隙中的水流一边沿横向层间离层裂缝向两侧运移，一边沿纵向破断裂隙继续向下方运移；当 $t=6.84$ s 时，上方裂隙中气液交汇处液相比例越来越大，中部纵向裂隙出现了两端被水封堵的现象，底部中间的裂隙中开始出现水分但占比很小；当 $t=11.8$ s 时，水沿中部纵向贯穿裂隙到达与横向层间离层裂隙的交叉点处，向右侧运移的水流量明显大于向左侧运移的水流量，出现了偏流现象，中部裂隙中液相的比例越来越大。

6.4　本章小结

本章以采空区覆岩裂隙为研究对象，分别对纵向破断裂隙和层间离层裂隙进行了统计分析，在此基础上建立了互相贯通的裂隙网络模型；根据采空区裂隙带内水气两相逆流的现象，运用两相流理论探究了水气两相在裂隙网络中的渗流特性，通过相场分布及速度场变化分析了优势渗流通道，主要结论如下：

(1) 采用相似模拟试验探究了煤层开采后覆岩裂隙的分布特征。采动裂隙整体呈现梯形状，采空区两侧分布连通的张开裂隙，中下方纵向破断裂隙与层间离层裂隙均比较发育，它们纵横交错、相互贯通；随着岩层层位的升高，破断岩块块度逐渐增大，上方主要以弯曲下沉的离层裂隙和采空区两侧的张开裂隙为主。另外分析了岩层块体纵向破断裂隙形态特征，与前文理论推导所得的破裂迹线形态进行了对比验证。

(2) 采用数字图像分析技术对覆岩采动裂隙进行定量分析，分别对采空区内部横向离层裂隙和纵向破断裂隙的几何参数(开度、迹长、角度、面积和周长等)进行了统计分析，由直方分布图可以看出层间离层裂隙的长度远大于纵向破断裂隙的长度，离层裂隙的面积和周长也比纵向破断裂隙的大；裂隙的开度、面积和周长均随着各自参量的增加频数在逐渐减小，呈现为指数递减的趋势；裂隙的迹长呈现为对数正态分布的趋势；层间离层裂隙以 0°水平为主，纵向破断裂隙以 90°垂直为主，两种裂隙角度均呈现为正态分布。

(3) 根据覆岩裂隙的整体分布特征和几何参数统计，构建了采空区覆岩裂隙网络几何模型，基于废弃矿井采空区上方含水层水分不断下渗和下方瓦斯不断上浮的现象，利用两相流理论分析了裂隙网络内水气两相渗流的过程，采用流体体积 VOF 方法追踪了气液两相移动界面，计算结果精细地捕捉到了采空区裂隙网络内进水、驱气、出水的过程。纵向破断裂隙间渗流速度的不均衡导致采空区两侧裂隙形成了明显的优势渗流通道以及高位横向离层裂隙间存在瓦斯滞留区、裂隙两端被水封堵、裂隙网络交叉点处存在偏流等一系列的现象。

第7章　结论与展望

7.1　主要结论

本书围绕“废弃矿井采空区覆岩裂隙导通机理及多尺度渗流特性”这一研究课题，具体开展了如下研究工作：首先通过开展单轴压缩试验研究了煤岩体的力学性质及其破裂过程，从弹塑性力学的角度研究了覆岩破断力学机制，并结合“砌体梁”理论分析了破断块体裂隙的张开度特征，从标准试件的破裂和岩块块体的断裂两个尺度研究了覆岩破裂机制及裂隙通道的形成机理。然后分别对含有原生裂隙的砂岩和煤体的渗流特性开展了研究，其中采用多场耦合试验压力机对裂隙岩体开展了水力耦合渗流试验，对粗糙裂隙面的三维形貌特征进行表征，分析了裂隙面的优势渗流路径；采用CT扫描试验从微细观的角度研究了原生裂隙煤体的孔裂隙特征及其渗流特性。最后在对采动裂隙进行定量分析的基础上构建了采空区裂隙网络模型，针对采空区中瓦斯上浮和离层水下渗的现象，探究了大尺度裂隙网络内水气两相渗流特性。全书主要结论如下：

(1) 通过单轴压缩试验对煤岩体的力学性能进行了测试，同时联合声发射监测系统和数字散斑全场应变测量分析系统对煤岩体的破裂过程进行了实时监测，根据试验结果分析了煤岩体的承载力学机制和破裂机理。通过对比煤和砂岩的力学特性可以看出，煤与砂岩在单轴抗压强度、变形特征及破坏模式等方面存在明显的不同：砂岩的强度明显高于煤样的，且砂岩具有较高的残余强度；它们应力-应变曲线的压密阶段和塑性变形阶段存在明显的区别，煤样压密阶段占比要大于岩样的且呈现明显的非线性，而岩样在靠近峰值的塑性变形阶段占比明显大于煤样的；煤样破坏形式更加复杂，碎裂块度明显小于岩样的，砂岩以纵向劈裂破坏和剪切破坏为主，煤样则以剪切滑移破坏为主，其破裂后的裂纹形态主要包含单一剪切面、双剪切面、“X”形破坏和“Y”形破坏。因此，相比较而言，煤样的脆性破坏特征更加显著。

(2) 根据单轴压缩条件下煤岩体破裂过程的声发射响应和DIC全场应变演化特征可以看出，声发射特征主要揭示了煤岩体内部裂隙的发育过程及能量演化规律，而DIC全场应变测量系统主要揭示了试件表面的位移场及应变场变形规律，前者监测试件内部破裂，后者监测试件表面变形，它们相互补充，能够更全面、客观地反映煤岩体的破裂过程。在试件破坏过程中的声发射能量释放与内部裂纹的萌生、发展、贯通过程密切相关，其中在线弹性阶段结束时声发射能量开始出现明显增加，并在试件破裂的瞬间声发射能量值突然增高至最大值，声发射能量变化反映了破裂过程中弹性能的积累和释放的过程，而不同应力水平下的声发射事件定位点演化更能够有效地反映出破裂区域及其扩展的方向。采用DIC数字散斑全场应变测量方法，可以同时定量监测标记点和破裂面的位移场、应变场演化过程，突破了传统以经验和定性为主来判断破裂过程的局限性。

(3) 从弹塑性力学的角度研究了厚硬顶板的破坏机理和断裂后裂隙张开特征，利用应力逆解法得到了内应力分量解析解，并通过实例进一步分析了四种不同块度的岩块应力分布及裂隙张开度特征。在充分考虑周期破断岩层荷载条件下，同时考虑铰接点处的水平推力和竖向剪切力作用，建立了线性增压荷载悬臂梁模型，根据弹性力学应力逆解法，推导了线性增压荷载下悬臂梁内应力分量解析式，同时在考虑岩体自身特性的基础上，基于莫尔-库仑剪切屈服破坏准则，推导了周期破裂迹线隐函数方程，破裂迹线的形态与先天开采条件及岩层自身的力学特性相关，通过MATLAB软件计算绘图，确定了基本顶悬臂梁周期破裂迹线呈“竖对号”的形态，说明在破裂的过程中裂纹会发生偏转，首先在岩梁上表面发生破裂，然后向右下方扩展至拐点，最后从拐点扩展到岩梁下表面发生断裂，其中拐点的位置与岩层的黏聚力和内摩擦角有关。另外，通过对比分析不同块度的破断迹线可以看出，随着长度的增加，回转角度越来越小，相对应的张开度也不相同，回转后的张开度沿破裂迹线呈现先增大后减小再增大的趋势。

(4) 采用多场耦合试验压力机对原生裂隙岩体开展了不同围压及不同渗透压下的渗流试验，给出了加卸载路径下渗流流量随围压及渗透压变化的渗流规律，进一步采用扫描仪对裂隙面的三维形貌特征进行了表征，分析了原生裂隙面的起伏高度、粗糙度系数等特征，在此基础上采用数值模拟方法将扫描数据导入COMSOL软件，对流体在裂隙面的渗流路径进行了模拟分析。裂隙岩体渗流流量随渗透压的升高而增大，随围压的升高而降低。在加载过程中，不同围压条件下渗流流量随渗透压表现出多样的变化趋势，随着围压的增大其增长类型分别呈现幂律型、线性变化、指数型和双线性增长变化；在卸载过程中，随着围压的降低渗流流量呈现增加的趋势，但受到加载历史的影响，在相同渗透压、围压条件下呈现出不同的渗流流量数值，卸载路径下的渗流流量明显低于加载路径下的，同时加载路径下围压值越高对应卸载路径下的渗流流量越低。

(5) 采用三维激光扫描仪提取了 8 组试件原生裂隙面的几何特征，采用 NX Imageware 软件对三维裂隙面点云数据进行了重建，并对各裂隙面的起伏高度平均值、标准偏差、均方根一阶导数、分形维数等进行了统计学分析，其中原生节理粗糙度系数集中在 8.000 0～10.000 0 的范围内，分形维数在 1.074 1～1.230 0 之间，裂隙面起伏高度频率直方图符合高斯分布规律，且粗糙度系数越大其峰值所在的区间越向右侧偏移；粗糙裂隙面渗流模拟结果表明裂隙面存在明显的优势渗流路径，水头压力分布存在明显的过渡区，由于粗糙裂隙面几何形貌特征引起渗流流线及速度场分布呈现明显的非均匀变化特征，当流体从顶部向下方流动时，流体向开度较大的方向运移，造成流体沿裂隙面分布的不均而形成优势渗流，优势渗流路径的存在是造成粗糙裂隙面非达西渗流的主要原因。

(6) 利用 CT 扫描技术对原生裂隙煤体进行扫描试验，获得裂隙煤体的内部孔裂隙结构特征，采用 Avizo 软件对裂隙煤体提取了表征单元，并对孔裂隙模型进行了三维重构，在此基础上对含裂隙的表征单元体 REV 进行了渗流模拟。根据 CT 扫描结果可以看出该原生裂隙煤体内部存在一条明显的宏观裂纹，周围分布次生裂隙及孔隙，孔隙在局部区域呈现连片状聚集分布，同时存在一些孤立的孔隙，还可以看出宏观裂隙的尺寸明显大于孔隙的尺寸，建立孔隙网络模型更加直观地再现了宏观裂隙、孔隙及喉道的分布情况，裂隙煤体内部储层结构得到了比较精细的表征；通过分析裂隙煤体表征单元体的渗流模拟结果可以看出，原始不含裂隙的煤体渗透率较低，模拟结果中内部几乎没有流线分布，而含裂隙煤体的模拟结果表明流体沿主裂隙向下运移的同时，还会向周围连通的次生裂隙及孔隙中运移，并形成良好的渗流通道，从而导致裂隙煤体渗透率的增大。

(7) 采用数字图像处理技术对相似模拟试验中采空区覆岩裂隙进行了提取，分别对横向层间离层裂隙和纵向破断裂隙的几何参数进行了定量分析。采动裂隙整体呈现梯形状，内部裂隙纵横交错、互相贯通，裂隙的开度、面积和周长呈现指数分布，裂隙迹长呈现对数正态分布，裂隙倾角呈现正态分布，基于此构建了采空区覆岩裂隙网络几何模型。根据废弃矿井采空区上方含水层水分不断下渗和下方瓦斯不断上浮的现象，采用多相流 VOF 方法精细地捕捉到了采空区覆岩裂隙网络内进水、驱气、出水的过程，发现在采空区两侧裂隙形成了明显的优势渗流通道，裂隙内渗流速度的不均衡导致高位横向层间离层裂隙存在瓦斯滞留区、裂隙两端存在被封堵以及交叉点处存在偏流等现象，进一步揭示了采空区裂隙网络水气两相渗流特性。

7.2 创新点

本书针对“废弃矿井采空区覆岩裂隙导通机理及水气两相渗流特性”这一课题进行了全方位多尺度的研究，主要在以下几个方面做出了创新：

(1) 通过对关键层铰接块体结构的分析，从弹塑性力学的角度揭示了覆岩破断的力学机制，推导了内应力分量解析解，获得了破裂迹线函数方程，分析了岩石黏聚力、内摩擦角和块体长度等不同因素对迹线形态的影响，结合砌体梁回转角度分析了破断裂隙张开度特征，从岩块的尺度揭示了破断裂隙通道的形成机理。

(2) 针对原生裂隙砂岩开展了渗流试验并对裂隙面进行了定量表征，获得了渗流流量随围压及渗透压变化的渗流规律，对比分析了加卸载条件下应力历史对渗透演化规律的影响，发现裂隙面起伏高度频率直方图符合高斯分布规律，粗糙裂隙面几何形貌特征导致水头压力分布存在明显的过渡区，流体沿裂隙面分布呈现出明显的非均匀性，优势渗流路径是导致粗糙裂隙面呈现非达西渗流的主要原因。

(3) 在对覆岩裂隙进行定量分析的基础上，建立了大尺度采空区覆岩裂隙网络模型，采用两相流 VOF 方法对废弃矿井采空区中水气两相渗流特性进行了模拟分析，揭示了两侧裂隙形成明显优势渗流通道的过程，同时发现裂隙中水气两相渗流速度的不均衡性导致裂隙网络中存在瓦斯滞留区、裂隙两端被封堵、交叉处偏流等现象，进一步揭示了采空区大尺度裂隙水气两相渗流特性。

7.3 展望

随着废弃矿井采空区数量的不断增多，剩余资源的综合利用越来越受到重视，本书主要通过试验和模拟等手段探究了煤岩体的破裂机理及其渗流特性，然而在采矿及地下工程中所涉及宏观的尺度较大，因此本书的研究与实际的工程现场存在一定的差距，同时针对目前研究工作存在的不足，认为未来应从以下几个方面进行补充：

(1) 本书所开展的试验均是基于小尺寸试件而得，为了更好地服务现场，应该考虑尺寸效应对试验的影响，未来应对试验及模拟进行升尺度研究。

(2) 裂隙煤岩体内流体的渗流是一个复杂的过程，它受流体性质、地应力分布及孔裂隙结构的影响，本书的研究并未考虑渗流过程中进一步造成的裂隙的扩展演化，接下来需要结合离散元算法对水力耦合特性进行进一步分析。

(3) 构建的采空区裂隙网络几何模型与现场实际存在一定的差距，同时水气两相在其中的渗流受到诸多因素的影响，接下来应当结合现场实践，进行进一步分析。

参考文献

[1] 刘峰,李树志.我国转型煤矿井下空间资源开发利用新方向探讨[J].煤炭学报,2017,42(9):2205-2213.

[2] 国家发展改革委,国家能源局.关于印发煤炭工业发展“十三五”规划的通知:发改能源〔2016〕2714 号[A/OL].(2016-12-30)[2024-11-16]. http://www.nea.gov.cn/2016-12/30/c_135944439.htm.

[3] 袁亮,杨科.再论废弃矿井利用面临的科学问题与对策[J].煤炭学报,2021,46(1):16-24.

[4] 黄炳香,刘江伟,李楠,等.矿井闭坑的理论与技术框架[J].中国矿业大学学报,2017,46(4):715-729,747.

[5] 国家煤炭工业网.关于印发《煤炭工业“十四五”高质量发展指导意见》的通知[A/OL].(2021-06-03)[2024-11-29]. http://www.ccoalnews.com/news/202106/07/c145064.html.

[6] 李全生,李瑞峰,张广军,等.我国废弃矿井可再生能源开发利用战略[J].煤炭经济研究,2019,39(5):9-14.

[7] 唐巨鹏,潘一山,梁政国.北票矿区废弃矿井煤层气泄漏气源集聚数值模拟[J].煤炭学报,2005,30(3):301-304.

[8] ZHANG C W, JIN Z X, FENG G R, et al. Non-Darcy seepage characteristics of single rough fractured rock mass under loading and unloading conditions[J]. Physics of fluids,2025,37(7):076603.

[9] 山西省能源局.山西省能源局关于加强生产煤矿生产能力公告管理工作的通知:晋能源煤技发〔2020〕489 号[A/OL].(2020-09-29)[2024-12-01]. https://nyj.shanxi.gov.cn/zfxxgk/fdzdgknr/sjwj/202310/t20231003_9418402.shtml.

[10] 山西省国土资源厅.山西省煤炭采空区煤层气资源调查评价报告[R].太原:山西省国土资源厅,2017.

[11] 山西省科技厅基础研究处.2014 年度山西省煤基(煤层气)重点科技攻关项目“废弃矿井采空区地面煤层气抽采技术研究及示范”取得明显成效

[EB/OL]. (2017-01-13)[2024-11-21]. https://kjt.shanxi.gov.cn/xxgk/zfxxgkml/acs_11737/jcyjc/202109/t20210910_2339213.shtml.

[12] 山西省自然资源厅，山西省能源局. 关于开展煤炭采空区（废弃矿井）煤层气抽采试验有关事项的通知：晋自然资发〔2019〕54 号[A/OL]. (2019-12-19)[2024-11-25]. https://zrzyt.shanxi.gov.cn/zwgk/zwgkjbml/zcfg/yqgll/xxgg/202109/t20210903_1845896.shtml.

[13] 薛建英. 去年我省挂牌出让 3 个废弃矿井煤层气抽采试验区块[N]. 山西晚报，2021-01-28(3).

[14] FENG G R, HU S Y, LI Z, et al. Distribution of methane enrichment zone in abandoned coal mine and methane drainage by surface vertical boreholes: a case study from China[J]. Journal of natural gas science and engineering, 2016, 34: 767-778.

[15] KARACAN C Ö. Modeling and analysis of gas capture from sealed sections of abandoned coal mines [J]. International journal of coal geology, 2015, 138: 30-41.

[16] 秦伟. 地面钻井抽采老采空区瓦斯的理论与应用研究[D]. 徐州：中国矿业大学，2013.

[17] CHENG G W, MA T H, TANG C N, et al. A zoning model for coal mining-induced strata movement based on microseismic monitoring[J]. International journal of rock mechanics and mining sciences, 2017, 94: 123-138.

[18] 李振. 老空区破碎煤岩体变形与渗流特性研究及在煤层气抽采中的应用[D]. 太原：太原理工大学，2018.

[19] QIN W, XU J L, HU G Z. Optimization of abandoned gob methane drainage through well placement selection [J]. Journal of natural gas science and engineering, 2015, 25: 148-158.

[20] 侯宪港，杨天鸿，李振拴，等. 山西省老空水害类型及主要特征分析[J]. 采矿与安全工程学报，2020, 37(5): 1009-1018.

[21] KANG M, MAUZERALL D L, MA D Z, et al. Reducing methane emissions from abandoned oil and gas wells: strategies and costs [J]. Energy policy, 2019, 132: 594-601.

[22] 宋红华，赵毅鑫，姜耀东，等. 单轴受压条件下煤岩非均质性对其破坏特征的影响[J]. 煤炭学报，2017, 42(12): 3125-3132.

[23] 苏承东，熊祖强，刘少伟，等. 煤样单轴压缩时滞性变形破坏的试验研究[J]. 岩土力学，2016, 37(3): 665-671.

[24] SONG H H, JIANG Y D, ELSWORTH D, et al. Scale effects and strength anisotropy in coal[J]. International journal of coal geology, 2018, 195: 37-46.

[25] KONG X G, WANG E Y, HE X Q, et al. Mechanical characteristics and dynamic damage evolution mechanism of coal samples in compressive loading experiments [J]. Engineering fracture mechanics, 2019, 210: 160-169.

[26] LIU Y F, LI S, TANG D Z, et al. Mechanical behavior of low-rank bituminous coal under compression: an experimental and numerical study [J]. Journal of natural gas science and engineering, 2019, 66: 77-85.

[27] YAO Q L, CHEN T, TANG C J, et al. Influence of moisture on crack propagation in coal and its failure modes[J]. Engineering geology, 2019, 258: 105156.

[28] 卢志国，鞠文君，高富强，等. 结构性煤体间歇性破坏行为的实验及数值模拟研究[J]. 岩石力学与工程学报，2020，39(5)：971-983.

[29] MISHRA B, NIE D C. Experimental investigation of the effect of change in control modes on the post-failure behavior of coal and coal measures rock[J]. International journal of rock mechanics and mining sciences, 2013, 60: 363-369.

[30] 张志镇，高峰. 单轴压缩下红砂岩能量演化试验研究[J]. 岩石力学与工程学报，2012，31(5)：953-962.

[31] ZHANG R, AI T, REN L, et al. Failure characterization of three typical coal-bearing formation rocks using acoustic emission monitoring and X-ray computed tomography techniques [J]. Rock mechanics and rock engineering, 2019, 52(6): 1945-1958.

[32] WANG Z H, WANG J C, YANG S L, et al. Failure behaviour and acoustic emission characteristics of different rocks under uniaxial compression[J]. Journal of geophysics and engineering, 2020, 17(1): 76-88.

[33] 左建平，陈岩，崔凡. 不同煤岩组合体力学特性差异及冲击倾向性分析[J]. 中国矿业大学学报，2018，47(1)：81-87.

[34] 左建平，谢和平，孟冰冰，等. 煤岩组合体分级加卸载特性的试验研究[J]. 岩土力学，2011，32(5)：1287-1296.

[35] 窦林名，陆菜平，牟宗龙，等. 组合煤岩冲击倾向性特性试验研究[J]. 采矿与安全工程学报，2006，23(1)：43-46.

[36] HUANG B X, LIU J W. The effect of loading rate on the behavior of

samples composed of coal and rock[J]. International journal of rock mechanics and mining sciences,2013,61:23-30.

[37] 郭东明,左建平,张毅,等.不同倾角组合煤岩体的强度与破坏机制研究[J].岩土力学,2011,32(5):1333-1339.

[38] LIU X S,TAN Y L,NING J G,et al. Mechanical properties and damage constitutive model of coal in coal-rock combined body[J]. International journal of rock mechanics and mining sciences,2018,110:140-150.

[39] ZHANG H, LU C P, LIU B, et al. Numerical investigation on crack development and energy evolution of stressed coal-rock combination[J]. International journal of rock mechanics and mining sciences, 2020, 133:104417.

[40] FENG G R,DU X J,ZHANG Y J. "Optical-acoustic-stress" responses in failure progress of cemented gangue-fly ash backfill material under uniaxial compression[J]. Nondestructive testing and evaluation, 2019, 34(2):135-146.

[41] 丁鑫,肖晓春,吕祥锋,等.煤岩破裂过程声发射时-频信号特征与演化机制[J].煤炭学报,2019,44(10):2999-3011.

[42] OHNO K,OHTSU M. Crack classification in concrete based on acoustic emission[J]. Construction and building materials, 2010, 24(12): 2339-2346.

[43] 纪洪广,卢翔.常规三轴压缩下花岗岩声发射特征及其主破裂前兆信息研究[J].岩石力学与工程学报,2015,34(4):694-702.

[44] DU K,LI X F,TAO M,et al. Experimental study on acoustic emission (AE) characteristics and crack classification during rock fracture in several basic lab tests[J]. International journal of rock mechanics and mining sciences,2020,133:104411.

[45] MIAO S T,PAN P Z,ZHAO X G,et al. Experimental study on damage and fracture characteristics of Beishan granite subjected to high-temperature treatment with DIC and AE techniques[J]. Rock mechanics and rock engineering,2021,54(2):721-743.

[46] 毛灵涛,连秀云,郝耐,等.基于数字体散斑法煤样内部三维应变场的测量[J].煤炭学报,2015,40(1):65-72.

[47] GOLEWSKI G L. Measurement of fracture mechanics parameters of concrete containing fly ash thanks to use of Digital Image Correlation

(DIC) method[J]. Measurement,2019,135:96-105.

[48] LIU L W, LI H B, LI X F, et al. Underlying mechanisms of crack initiation for granitic rocks containing a single pre-existing flaw: insights from digital image correlation (DIC) analysis[J]. Rock mechanics and rock engineering,2021,54(2):857-873.

[49] 肖红飞,何学秋,王恩元. 受压煤岩破裂过程电磁辐射与能量转化规律研究[J]. 岩土力学,2006,27(7):1097-1100.

[50] 姚精明,闫永业,刘茜倩,等. 基于能量理论的煤岩体破坏电磁辐射规律研究[J]. 岩土力学,2012,33(1):233-237,242.

[51] LOU Q, SONG D Z, HE X Q, et al. Correlations between acoustic and electromagnetic emissions and stress drop induced by burst-prone coal and rock fracture[J]. Safety science,2019,115:310-319.

[52] 李鑫,李昊,杨桢,等. 复合煤岩变形破裂温度-应力-电磁多场耦合机制[J]. 煤炭学报,2020,45(5):1764-1772.

[53] LI Z H, LOU Q, WANG E Y, et al. Study on acoustic-electric-heat effect of coal and rock failure processes under uniaxial compression[J]. Journal of geophysics and engineering,2018,15(1):71-80.

[54] 赵兴东,李元辉,袁瑞甫,等. 基于声发射定位的岩石裂纹动态演化过程研究[J]. 岩石力学与工程学报,2007,26(5):944-950.

[55] XIAO F K, LIU G, ZHANG Z, et al. Acoustic emission characteristics and stress release rate of coal samples in different dynamic destruction time[J]. International journal of mining science and technology,2016,26(6):981-988.

[56] WANG X, WEN Z J, JIANG Y J, et al. Experimental study on mechanical and acoustic emission characteristics of rock-like material under non-uniformly distributed loads[J]. Rock mechanics and rock engineering,2018,51(3):729-745.

[57] XU G W, HE C, SU A, et al. Experimental investigation of the anisotropic mechanical behavior of phyllite under triaxial compression [J]. International journal of rock mechanics and mining sciences,2018,104:100-112.

[58] CAO A Y, JING G C, DING Y L, et al. Mining-induced static and dynamic loading rate effect on rock damage and acoustic emission characteristic under uniaxial compression[J]. Safety science,2019,116:86-96.

[59] SUN H, LIU X L, ZHU J B. Correlational fractal characterisation of stress and acoustic emission during coal and rock failure under multilevel dynamic loading[J]. International journal of rock mechanics and mining sciences,2019,117:1-10.

[60] LIU S M, LI X L, LI Z H, et al. Energy distribution and fractal characterization of acoustic emission (AE) during coal deformation and fracturing[J]. Measurement,2019,136:122-131.

[61] YANG D S, BORNERT M, CHANCHOLE S, et al. Experimental investigation of the delayed behavior of unsaturated argillaceous rocks by means of Digital Image Correlation techniques[J]. Applied clay science, 2011,54(1):53-62.

[62] MUNOZ H, TAHERI A. Specimen aspect ratio and progressive field strain development of sandstone under uniaxial compression by three-dimensional digital image correlation[J]. Journal of rock mechanics and geotechnical engineering,2017,9(4):599-610.

[63] 马永尚,陈卫忠,杨典森,等. 基于三维数字图像相关技术的脆性岩石破坏试验研究[J]. 岩土力学,2017,38(1):117-123.

[64] XING H Z, ZHANG Q B, RUAN D, et al. Full-field measurement and fracture characterisations of rocks under dynamic loads using high-speed three-dimensional digital image correlation[J]. International journal of impact engineering,2018,113:61-72.

[65] 王学滨,侯文腾,潘一山,等. 基于数字图像相关方法的单轴压缩煤样应变局部化过程试验[J]. 煤炭学报,2018,43(4):984-992.

[66] 袁媛,潘鹏志,赵善坤,等. 基于数字图像相关法的含填充裂隙大理岩单轴压缩破坏过程研究[J]. 岩石力学与工程学报,2018,37(2):339-351.

[67] VORA S R, BOGNET B, PATANWALA H S, et al. Global strain field mapping of a particle-laden interface using digital image correlation[J]. Journal of colloid and interface science,2018,509:94-101.

[68] YIN P F, YANG S Q. Experimental investigation of the strength and failure behavior of layered sandstone under uniaxial compression and Brazilian testing[J]. Acta geophysica,2018,66(4):585-605.

[69] ZHAO C, NIU J L, ZHANG Q Z, et al. Failure characteristics of rock-like materials with single flaws under uniaxial compression[J]. Bulletin of engineering geology and the environment,2019,78(1):593-603.

[70] SUN Q,CAI C,ZHANG S K,et al. Study of localized deformation in geopolymer cemented coal gangue-fly ash backfill based on the digital speckle correlation method[J]. Construction and building materials,2019,215:321-331.
[71] 肖晓春,丁鑫,潘一山,等.颗粒煤岩破裂过程声发射与电荷感应试验[J].煤炭学报,2015,40(8):1796-1804.
[72] ZHU Q Q,LI D Y,HAN Z Y,et al. Mechanical properties and fracture evolution of sandstone specimens containing different inclusions under uniaxial compression[J]. International journal of rock mechanics and mining sciences,2019,115:33-47.
[73] TANG Y,OKUBO S,XU J,et al. Progressive failure behaviors and crack evolution of rocks under triaxial compression by 3D digital image correlation[J]. Engineering geology,2019,249:172-185.
[74] 宋义敏,邢同振,赵同彬,等.岩石单轴压缩变形场演化的声发射特征研究[J].岩石力学与工程学报,2017,36(3):534-542.
[75] XIE G X,YIN Z Q,WANG L,et al. Effects of gas pressure on the failure characteristics of coal[J]. Rock mechanics and rock engineering,2017,50(7):1711-1723.
[76] PAN J L,WU X,GUO Q F,et al. Uniaxial experimental study of the deformation behavior and energy evolution of conjugate jointed rock based on AE and DIC methods[J]. Advances in civil engineering,2020,2020(1):8850250.
[77] LOTIDIS M A,NOMIKOS P P,SOFIANOS A I. Laboratory study of the fracturing process in marble and plaster hollow plates subjected to uniaxial compression by combined acoustic emission and digital image correlation techniques[J]. Rock mechanics and rock engineering,2020,53(4):1953-1971.
[78] ZHAO C,XING J Q,ZHOU Y M,et al. Experimental investigation on hydraulic fracturing of granite specimens with double flaws based on DIC[J]. Engineering geology,2020,267:105510.
[79] CHEN C C,XU J,OKUBO S,et al. Damage evolution of tuff under cyclic tension-compression loading based on 3D digital image correlation[J]. Engineering geology,2020,275:105736.
[80] XING T Z,ZHU H B,WANG L,et al. High accuracy measurement of

heterogeneous deformation field using spatial-temporal subset digital image correlation[J]. Measurement,2020,156:107605.

[81] LIU L W, LI H B, LI X F, et al. Full-field strain evolution and characteristic stress levels of rocks containing a single pre-existing flaw under uniaxial compression[J]. Bulletin of engineering geology and the environment,2020,79(6):3145-3161.

[82] WANG S F, LI X B. Dynamic distribution of longwall mining-induced voids in overlying strata of a coalbed[J]. International journal of geomechanics,2017,17(6):04016124.

[83] LI Y C. Analytical examination for the stability of a competent stratum and implications for longwall coal mining[J]. Energy science & engineering,2019,7(2):469-477.

[84] YU B,GAO R,KUANG T J,et al. Engineering study on fracturing high-level hard rock strata by ground hydraulic action[J]. Tunnelling and underground space technology,2019,86:156-164.

[85] FENG G R,ZHANG A,HU S Y,et al. A methodology for determining the methane flow space in abandoned mine gobs and its application in methane drainage[J]. Fuel,2018,227:208-217.

[86] LI Y K,WU S Y,NIE B S,et al. A new pattern of underground space-time tridimensional gas drainage:a case study in Yuwu coal mine,China [J]. Energy science & engineering,2019,7(2):399-410.

[87] YUE G W,LIU H,YUE J W,et al. Influence radius of gas extraction borehole in an anisotropic coal seam:Underground in situ measurement and modeling[J]. Energy science & engineering,2019,7(3):694-709.

[88] WANG F,XU J L,XIE J L. Effects of arch structure in unconsolidated layers on fracture and failure of overlying strata[J]. International journal of rock mechanics and mining sciences,2019,114:141-152.

[89] LI B,LIANG Y P,ZOU Q L. Determination of working resistance based on movement type of the first subordinate key stratum in a fully mechanized face with large mining height[J]. Energy science & engineering,2019,7(3):777-798.

[90] SHABANIMASHCOOL M,LI C C. Analytical approaches for studying the stability of laminated roof strata[J]. International journal of rock mechanics and mining sciences,2015,79:99-108.

[91] TAN Y L, LIU X S, NING J G, et al. In situ investigations on failure evolution of overlying strata induced by mining multiple coal seams[J]. Geotechnical testing journal, 2017, 40(2): 20160090.
[92] LAN Y W, GAO R, YU B, et al. In situ studies on the characteristics of strata structures and behaviors in mining of a thick coal seam with hard roofs[J]. Energies, 2018, 11(9): 2470.
[93] WANG G, WU M M, WANG R, et al. Height of the mining-induced fractured zone above a coal face[J]. Engineering geology, 2017, 216: 140-152.
[94] POULSEN B A, ADHIKARY D, GUO H. Simulating mining-induced strata permeability changes[J]. Engineering geology, 2018, 237: 208-216.
[95] JU Y, WANG Y L, SU C S, et al. Numerical analysis of the dynamic evolution of mining-induced stresses and fractures in multilayered rock strata using continuum-based discrete element methods[J]. International journal of rock mechanics and mining sciences, 2019, 113: 191-210.
[96] JIA J L, CAO L W, ZHANG D J, et al. Study on the fracture characteristics of thick-hard limestone roof and its controlling technique [J]. Environmental earth sciences, 2017, 76(17): 605.
[97] 钱鸣高,缪协兴,许家林. 岩层控制中的关键层理论研究[J]. 煤炭学报, 1996, 21(3): 225-230.
[98] 宋振骐. 实用矿山压力控制[M]. 徐州:中国矿业大学出版社, 1988.
[99] 靳钟铭. 坚硬顶板长壁采场的悬梁结构及其控制[J]. 煤炭学报, 1986, 11(2): 71-79.
[100] 黄庆享. 采场老顶初次来压的结构分析[J]. 岩石力学与工程学报, 1998, 17(5): 521-526.
[101] 黄庆享,钱鸣高,石平五. 浅埋煤层采场老顶周期来压的结构分析[J]. 煤炭学报, 1999, 24(6): 581-585.
[102] 史红,姜福兴. 采场上覆大厚度坚硬岩层破断规律的力学分析[J]. 岩石力学与工程学报, 2004, 23(18): 3066-3069.
[103] 于斌,高瑞,孟祥斌,等. 大空间远近场结构失稳矿压作用与控制技术[J]. 岩石力学与工程学报, 2018, 37(5): 1134-1145.
[104] 朱卫兵,于斌. 大空间采场远场关键层破断形式及其对矿压显现的影响[J]. 煤炭科学技术, 2018, 46(1): 99-104.
[105] 杨胜利,王家臣,李良晖. 基于中厚板理论的关键岩层变形及破断特征研

究[J]. 煤炭学报,2020,45(8):2718-2727.

[106] 张明,姜福兴,陈广尧,等. 基于厚硬岩层运动状态的采场应力转移模型及其应用[J]. 岩石力学与工程学报,2020,39(7):1396-1407.

[107] LI Z, YU S C, ZHU W B, et al. Dynamic loading induced by the instability of voussoir beam structure during mining below the slope[J]. International journal of rock mechanics and mining sciences, 2020, 132:104343.

[108] 李新元,马念杰,钟亚平,等. 坚硬顶板断裂过程中弹性能量积聚与释放的分布规律[J]. 岩石力学与工程学报,2007,26(增刊1):2786-2793.

[109] 潘岳,顾士坦,戚云松. 周期来压前受超前隆起分布荷载作用的坚硬顶板弯矩和挠度的解析解[J]. 岩石力学与工程学报, 2012, 31(10): 2053-2063.

[110] 潘岳,顾士坦,戚云松. 初次来压前受超前增压荷载作用的坚硬顶板弯矩、挠度和剪力的解析解[J]. 岩石力学与工程学报,2013,32(8):1544-1553.

[111] 赵雁海,宋选民. 浅埋超长工作面裂隙梁铰拱结构稳定性分析及数值模拟研究[J]. 岩土力学,2016,37(1):203-209.

[112] 韩红凯,王晓振,许家林,等. 覆岩关键层结构失稳后的运动特征与"再稳定"条件研究[J]. 采矿与安全工程学报,2018,35(4):734-741.

[113] 解兴智,赵铁林. 浅埋坚硬特厚煤层综放开采顶煤冒放结构分析[J]. 煤炭学报,2016,41(2):359-366.

[114] 赵晓东,王海龙. 梯形荷载下的采场顶板岩层运动及支架承载计算研究[J]. 煤炭学报,2012,37(5):731-736.

[115] 宁静,徐刚,张春会,等. 综放工作面多区支撑顶板的力学模型及破断特征[J]. 煤炭学报,2020,45(10):3418-3426.

[116] 杨俊哲,张彬,付兴玉,等. 浅埋薄基岩工作面水砂溃涌通道形成机理[J]. 煤炭学报,2020,45(12):4144-4153.

[117] 曹胜根. 采场围岩整体力学模型及应用研究[J]. 岩石力学与工程学报,1999,18(6):721.

[118] 杨鹏. 采场上覆岩层采动裂隙演化规律相似模拟研究[J]. 煤炭科学技术,2014,42(8):121-124.

[119] 张培鹏,蒋力帅,刘绪峰,等. 高位硬厚岩层采动覆岩结构演化特征及致灾规律[J]. 采矿与安全工程学报,2017,34(5):852-860.

[120] 李江华,许延春,姜鹏,等. 巨厚松散层薄基岩工作面覆岩载荷传递特征研究[J]. 煤炭科学技术,2017,45(11):95-100.

[121] 许斌,蒋金泉,代进,等.采场上覆关键层破断角的力学推导和实验模拟[J].煤炭学报,2018,43(3):599-606.

[122] GUO H,YUAN L,SHEN B T,et al. Mining-induced strata stress changes,fractures and gas flow dynamics in multi-seam longwall mining[J]. International journal of rock mechanics and mining sciences,2012,54:129-139.

[123] LU Y L,WANG L G. Numerical simulation of mining-induced fracture evolution and water flow in coal seam floor above a confined aquifer[J]. Computers and geotechnics,2015,67:157-171.

[124] 孔胜利.采动煤岩体离散裂隙网络瓦斯流动特征及应用研究[D].徐州:中国矿业大学,2015.

[125] 闫浩,张吉雄,张强,等.巨厚火成岩下采动覆岩应力场-裂隙场耦合演化机制[J].煤炭学报,2016,41(9):2173-2179.

[126] CAO J,LI W P. Numerical simulation of gas migration into mining-induced fracture network in the goaf[J]. International journal of mining science and technology,2017,27(4):681-685.

[127] 王云广,郭文兵,白二虎,等.高强度开采覆岩运移特征与机理研究[J].煤炭学报,2018,43(增刊1):28-35.

[128] 左建平,孙运江,钱鸣高.厚松散层覆岩移动机理及“类双曲线”模型[J].煤炭学报,2017,42(6):1372-1379.

[129] ZHUO H,QIN B T,SHI Q L,et al. Development law of air leakage fractures in shallow coal seams:a case study in the Shendong Coalfield of China[J]. Environmental earth sciences,2018,77(23):772.

[130] LI S W,GAO M Z,YANG X J,et al. Numerical simulation of spatial distributions of mining-induced stress and fracture fields for three coal mining layouts [J]. Journal of rock mechanics and geotechnical engineering,2018,10(5):907-913.

[131] ZHANG T,ZHAO Y X,GAN Q,et al. Investigations into mining-induced stress-fracture-seepage field coupling in a complex hydrogeology environment:a case study in the Bulianta colliery[J]. Mine water and the environment,2019,38(3):632-642.

[132] 张东升,范钢伟,梁帅帅,等.采动覆岩固液耦合三维无损监测系统与应用[J].采矿与安全工程学报,2019,36(6):1071-1078.

[133] 黄庆享,杜君武,侯恩科,等.浅埋煤层群覆岩与地表裂隙发育规律和形成

机理研究[J].采矿与安全工程学报,2019,36(1):7-15.

[134] 曹志国,鞠金峰,许家林.采动覆岩导水裂隙主通道分布模型及其水流动特性[J].煤炭学报,2019,44(12):3719-3728.

[135] ZHANG B C, SUN H T, LIANG Y P, et al. Characterization and quantification of mining-induced fractures in overlying strata: implications for coalbed methane drainage [J]. Natural resources research,2020,29(4):2467-2480.

[136] BAI Q S, TU S H. A general review on longwall mining-induced fractures in near-face regions[J]. Geofluids,2019,2019:3089292.

[137] 侯恩科,冯栋,谢晓深,等.浅埋煤层沟道采动裂缝发育特征及治理方法[J].煤炭学报,2021,46(4):1297-1308.

[138] 郝春生,袁瑞甫,郝海金,等.基于采动覆岩裂隙三维分布形态的地面L型抽采钻孔合理位置研究[J].河南理工大学学报(自然科学版),2019,38(6):24-31.

[139] 程详,赵光明,李英明,等.软岩保护层开采覆岩采动裂隙带演化及卸压瓦斯抽采研究[J].采矿与安全工程学报,2020,37(3):533-542.

[140] 徐祝贺,李全生,李晓斌,等.浅埋高强度开采覆岩结构演化及地表损伤研究[J].煤炭学报,2020,45(8):2728-2739.

[141] SUN Y J, ZUO J P, KARAKUS M, et al. A novel method for predicting movement and damage of overburden caused by shallow coal mining[J]. Rock mechanics and rock engineering,2020,53(4):1545-1563.

[142] 杨俊哲,胡博文,王振荣.8.8 m大采高工作面覆岩三带分布特征及分层沉降研究[J].煤炭科学技术,2020,48(6):42-48.

[143] ZHAO P X, ZHUO R S, LI S G, et al. Fractal characteristics of gas migration channels at different mining heights [J]. Fuel, 2020, 271:117479.

[144] WILKINS A, QU Q D. A formalism to compute permeability changes in anisotropic fractured rocks due to arbitrary deformations [J]. International journal of rock mechanics and mining sciences, 2020, 125:104159.

[145] 程香港,乔伟,李路,等.煤层覆岩采动裂隙应力-渗流耦合模型及涌水量预测[J].煤炭学报,2020,45(8):2890-2900.

[146] 蒋宇静,李博,王刚,等.岩石裂隙渗流特性试验研究的新进展[J].岩石力学与工程学报,2008,27(12):2377-2386.

[147] 贺玉龙,陶玉敬,杨立中.不同节理粗糙度系数单裂隙渗流特性试验研究[J].岩石力学与工程学报,2010,29(增刊1):3235-3240.

[148] LUO S,ZHAO Z H,PENG H,et al. The role of fracture surface roughness in macroscopic fluid flow and heat transfer in fractured rocks[J]. International journal of rock mechanics and mining sciences,2016,87:29-38.

[149] 王志良,申林方,徐则民,等.岩体裂隙面粗糙度对其渗流特性的影响研究[J].岩土工程学报,2016,38(7):1262-1268.

[150] ZOU L C,JING L R,CVETKOVIC V. Shear-enhanced nonlinear flow in rough-walled rock fractures[J]. International journal of rock mechanics and mining sciences,2017,97:33-45.

[151] ZHAO Y L,ZHANG L Y,WANG W J,et al. Transient pulse test and morphological analysis of single rock fractures[J]. International journal of rock mechanics and mining sciences,2017,91:139-154.

[152] LI Z W,FENG X T,ZHANG Y J,et al. Experimental research on the convection heat transfer characteristics of distilled water in manmade smooth and rough rock fractures[J]. Energy,2017,133:206-218.

[153] RONG G, HOU D, YANG J, et al. Experimental study of flow characteristics in non-mated rock fractures considering 3D definition of fracture surfaces[J]. Engineering geology,2017,220:152-163.

[154] BRIGGS S, KARNEY B W, SLEEP B E. Numerical modeling of the effects of roughness on flow and eddy formation in fractures[J]. Journal of rock mechanics and geotechnical engineering,2017,9(1):105-115.

[155] 单鹏飞,崔峰,曹建涛,等.考虑区域地应力特征的裂隙煤岩流固耦合特性实验[J].煤炭学报,2018,43(1):105-117.

[156] 杨洁.结构面剪切渗流试验及其模型研究[D].武汉:武汉大学,2018.

[157] WANG Z H,XU C S,DOWD P. A Modified Cubic Law for single-phase saturated laminar flow in rough rock fractures[J]. International journal of rock mechanics and mining sciences,2018,103:107-115.

[158] YIN Q,JING H W,MA G W,et al. Investigating the roles of included angle and loading condition on the critical hydraulic gradient of real rock fracture networks[J]. Rock mechanics and rock engineering, 2018, 51(10):3167-3177.

[159] ASADOLLAHPOUR E, BAGHBANAN A, HASHEMOLHOSSEINI H, et al. The etching and hydraulic conductivity of acidized rough

fractures[J]. Journal of petroleum science and engineering, 2018, 166: 704-717.

[160] XIONG F,JIANG Q H,YE Z Y,et al. Nonlinear flow behavior through rough-walled rock fractures: The effect of contact area[J]. Computers and geotechnics,2018,102:179-195.

[161] BLÖCHER G, KLUGE C, MILSCH H, et al. Permeability of matrix-fracture systems under mechanical loading-constraints from laboratory experiments and 3-D numerical modelling[J]. Advances in geosciences, 2019,49:95-104.

[162] CHEN Y D, LIAN H J, LIANG W G, et al. The influence of fracture geometry variation on non-Darcy flow in fractures under confining stresses[J]. International journal of rock mechanics and mining sciences, 2019,113:59-71.

[163] WU C Z, CHU J, WU S F, et al. 3D characterization of microbially induced carbonate precipitation in rock fracture and the resulted permeability reduction[J]. Engineering geology,2019,249:23-30.

[164] DANG W G, WU W, KONIETZKY H, et al. Effect of shear-induced aperture evolution on fluid flow in rock fractures[J]. Computers and geotechnics,2019,114:103152.

[165] KIM T, JEON S. Experimental study on shear behavior of a rock discontinuity under various thermal,hydraulic and mechanical conditions [J]. Rock mechanics and rock engineering,2019,52(7):2207-2226.

[166] CHEN Y D,ZHAO Z H. Heat transfer in a 3D rough rock fracture with heterogeneous apertures[J]. International journal of rock mechanics and mining sciences,2020,134:104445.

[167] PENG H,ZHAO Z H,CHEN W,et al. Thermal effect on permeability in a single granite fracture: Experiment and theoretical model [J]. International journal of rock mechanics and mining sciences, 2020, 131:104358.

[168] ISHIBASHI T, FANG Y, ELSWORTH D, et al. Hydromechanical properties of 3D printed fractures with controlled surface roughness: Insights into shear-permeability coupling processes [J]. International journal of rock mechanics and mining sciences,2020,128:104271.

[169] SHEN Z H,ZHOU L,LI H L,et al. Experimental and numerical study

on the anisotropic and nonlinear gas flow behavior of a single coal fracture under loading[J]. Energy & fuels,2020,34(4):4230-4242.

[170] LANARO F. A random field model for surface roughness and aperture of rock fractures[J]. International journal of rock mechanics and mining sciences,2000,37(8):1195-1210.

[171] 郭保华. 岩石裂隙面粗糙度参数关系分析[J]. 采矿与安全工程学报,2011,28(2):241-246.

[172] 王鹏,李晓昭,章杨松,等. 基于 GIS 的甘肃北山花岗岩裂隙密度地质统计分析[J]. 工程地质学报,2013,21(1):115-122.

[173] HE Y Y,BAI B,HU S B,et al. Effects of surface roughness on the heat transfer characteristics of water flow through a single granite fracture [J]. Computers and geotechnics,2016,80:312-321.

[174] WANG M,CHEN Y F,MA G W,et al. Influence of surface roughness on nonlinear flow behaviors in 3D self-affine rough fractures:Lattice Boltzmann simulations[J]. Advances in water resources,2016,96:373-388.

[175] DUAN M B,SUN N. Reconstruction of the 3D model and numerical simulations of fluid flow tests in a rock fracture[J]. Electronic journal of geotechnical engineering,2016,21(4): 1491-1511.

[176] LU C,BAI X,LUO Y,et al. New study of etching patterns of acid-fracture surfaces and relevant conductivity[J]. Journal of petroleum science and engineering,2017,159:135-147.

[177] VOGLER D,WALSH S D C,BAYER P,et al. Comparison of surface properties in natural and artificially generated fractures in a crystalline rock[J]. Rock mechanics and rock engineering,2017,50(11):2891-2909.

[178] ZOU L C,JING L R,CVETKOVIC V. Modeling of solute transport in a 3D rough-walled fracture-matrix system[J]. Transport in porous media,2017,116(3):1005-1029.

[179] YONG R,YE J,LI B,et al. Determining the maximum sampling interval in rock joint roughness measurements using Fourier series [J]. International journal of rock mechanics and mining sciences,2018,101:78-88.

[180] VARELA VALDEZ A,MOREL S,MARACHE A,et al. Influence of fracture roughness and micro-fracturing on the mechanical response of rock joints: a discrete element approach[J]. International journal of

fracture,2018,213(2):87-105.

[181] HUANG N, LIU R C, JIANG Y J, et al. Effects of fracture surface roughness and shear displacement on geometrical and hydraulic properties of three-dimensional crossed rock fracture models[J]. Advances in water resources,2018,113:30-41.

[182] ZHAO Z H, PENG H, WU W, et al. Characteristics of shear-induced asperity degradation of rock fractures and implications for solute retardation[J]. International journal of rock mechanics and mining sciences,2018,105:53-61.

[183] 陈跃都. 水力耦合作用下岩体粗糙裂隙渗流及滑移失稳机理研究[D]. 太原:太原理工大学,2018.

[184] REZAEI NIYA S M, SELVADURAI A P S. Correlation of joint roughness coefficient and permeability of a fracture[J]. International journal of rock mechanics and mining sciences,2019,113:150-162.

[185] ZAMBRANO M, PITTS A D, SALAMA A, et al. Analysis of fracture roughness control on permeability using SFM and fluid flow simulations: implications for carbonate reservoir characterization[J]. Geofluids,2019,2019:4132386.

[186] ZHAO Y L, ZHANG C S, WANG Y X, et al. Shear-related roughness classification and strength model of natural rock joint based on fuzzy comprehensive evaluation[J]. International journal of rock mechanics and mining sciences,2021,137:104550.

[187] YIN P J, ZHAO C, MA J J, et al. Experimental study of non-linear fluid flow though rough fracture based on fractal theory and 3D printing technique[J]. International journal of rock mechanics and mining sciences,2020,129:104293.

[188] KOTTWITZ M O, POPOV A A, BAUMANN T S, et al. The hydraulic efficiency of single fractures: correcting the cubic law parameterization for self-affine surface roughness and fracture closure[J]. Solid earth, 2020,11(3):947-957.

[189] SHAO J L, ZHANG Q, SUN W B, et al. Numerical simulation on non-darcy flow in a single rock fracture domain inverted by digital images [J]. Geofluids,2020,2020:8814327.

[190] ZHANG C P, CHENG P, RANJITH P G, et al. A comparative study of

fracture surface roughness and flow characteristics between CO_2 and water fracturing[J]. Journal of natural gas science and engineering, 2020,76:103188.

[191] LIU R C,LOU S,LI X J,et al. Anisotropic surface roughness and shear behaviors of rough-walled plaster joints under constant normal load and constant normal stiffness conditions[J]. Journal of rock mechanics and geotechnicalengineering,2020,12(2):338-352.

[192] BAN L R,DU W S,QI C Z. A peak dilation angle model considering the real contact area for rock joints [J]. Rock mechanics and rock engineering,2020,53(11):4909-4923.

[193] TAN J,RONG G,ZHAN H B,et al. An innovative method to evaluate hydraulic conductivity of a single rock fracture based on geometric characteristics[J]. Rock mechanics and rock engineering,2020,53(10):4767-4786.

[194] RONG G,TAN J,ZHAN H B,et al. Quantitative evaluation of fracture geometry influence on nonlinear flow in a single rock fracture[J]. Journal of hydrology,2020,589:125162.

[195] 刘杰,黎照,李天斌,等.砂岩劈裂裂隙多因素影响下可视化渗流规律研究[J].土木工程学报,2020,53(10):106-119.

[196] BLUNT M J, BIJELJIC B, DONG H, et al. Pore-scale imaging and modelling[J]. Advances in water resources,2013,51:197-216.

[197] LANDRY C J,KARPYN Z T,AYALA O. Pore-scale lattice Boltzmann modeling and 4D X-ray computed microtomography imaging of fracture-matrix fluid transfer[J]. Transport in porous media, 2014, 103(3): 449-468.

[198] JU Y, XIE H P, ZHENG Z M, et al. Visualization of the complex structure and stress field inside rock by means of 3D printing technology [J]. Chinese science bulletin,2014,59(36):5354-5365.

[199] LI Z T,LIU D M,CAI Y D,et al. Pore structure and compressibility of coal matrix with elevated temperatures by mercury intrusion porosimetry[J]. Energy exploration & exploitation,2015,33(6):809-826.

[200] ZHAO Y X,ZHU G P,DONG Y H,et al. Comparison of low-field NMR and microfocus X-ray computed tomography in fractal characterization of pores in artificial cores[J]. Fuel,2017,210:217-226.

[201] LI Z T, LIU D M, CAI Y D, et al. Multi-scale quantitative characterization of 3-D pore-fracture networks in bituminous and anthracite coals using FIB-SEM tomography and X-ray μ-CT[J]. Fuel, 2017,209:43-53.

[202] 王刚,沈俊男,褚翔宇,等.基于CT三维重建的高阶煤孔裂隙结构综合表征和分析[J].煤炭学报,2017,42(8):2074-2080.

[203] ZHAO Y X,SUN Y F,LIU S M,et al. Pore structure characterization of coal by synchrotron radiation nano-CT[J]. Fuel,2018,215:102-110.

[204] DONG H M,SUN J M,GOLSANAMI N,et al. A method to construct high-precision complex pore digital rock[J]. Journal of geophysics and engineering,2018,15(6):2695-2703.

[205] LI Y R, HE S D, DENG X H, et al. Characterization of macropore structure of Malan loess in NW China based on 3D pipe models constructed by using computed tomography technology[J]. Journal of Asian earth sciences,2018,154:271-279.

[206] DONG H M, SUN J M, CUI L K, et al. Characteristics of the pore structure of natural gas hydrate reservoir in the Qilian Mountain Permafrost, Northwest China[J]. Journal of applied geophysics, 2019, 164:153-159.

[207] WANG X L,PAN J N,WANG K,et al. Characterizing the shape, size, and distribution heterogeneity of pore-fractures in high rank coal based on X-ray CT image analysis and mercury intrusion porosimetry[J]. Fuel,2020,282:118754.

[208] SAIF T, LIN Q Y, GAO Y, et al. 4D in situ synchrotron X-ray tomographic microscopy and laser-based heating study of oil shale pyrolysis[J]. Applied energy,2019,235:1468-1475.

[209] 赵建鹏,崔利凯,陈惠,等.基于CT扫描数字岩心的岩石微观结构定量表征方法[J].现代地质,2020,34(6):1205-1213.

[210] WANG G, HAN D Y, QIN X J, et al. A comprehensive method for studying pore structure and seepage characteristics of coal mass based on 3D CT reconstruction and NMR[J]. Fuel,2020,281:118735.

[211] ZHANG L, CHEN S, ZHANG C, et al. The characterization of bituminous coal microstructure and permeability by liquid nitrogen fracturing based on μCT technology[J]. Fuel,2020,262:116635.

[212] 王登科，张平，魏建平，等. CT 可视化的受载煤体三维裂隙结构动态演化试验研究[J]. 煤炭学报，2019，44(增刊 2)：574-584.
[213] 钟江城，王子辉，王路军，等. 基于 CT 三维重构的深部煤体损伤演化规律[J]. 煤炭学报，2019，44(5)：1482-1494.
[214] ZHANG Z T, XIE H P, ZHANG R, et al. Size and spatial fractal distributions of coal fracture networks under different mining-induced stress conditions[J]. International journal of rock mechanics and mining sciences, 2020, 132: 104364.
[215] XIE J, GAO M Z, ZHANG R, et al. Experimental investigation on the gas flow characteristics of coal samples with different fracture network complexities[J]. Journal of natural gas science and engineering, 2020, 82: 103487.
[216] WANG D K, ZENG F C, WEI J P, et al. Quantitative analysis of fracture dynamic evolution in coal subjected to uniaxial and triaxial compression loads based on industrial CT and fractal theory[J]. Journal of petroleum science and engineering, 2021, 196: 108051.
[217] ESPINOZA D N, SHOVKUN I, MAKNI O, et al. Natural and induced fractures in coal cores imaged through X-ray computed microtomography: Impact on desorption time[J]. International journal of coal geology, 2016, 154: 165-175.
[218] GERAMI A, MOSTAGHIMI P, ARMSTRONG R T, et al. A microfluidic framework for studying relative permeability in coal[J]. International journal of coal geology, 2016, 159: 183-193.
[219] JING Y, ARMSTRONG R T, RAMANDI H L, et al. Coal cleat reconstruction using micro-computed tomography imaging[J]. Fuel, 2016, 181: 286-299.
[220] JING Y, ARMSTRONG R T, MOSTAGHIMI P. Digital coal: Generation of fractured cores with microscale features[J]. Fuel, 2017, 207: 93-101.
[221] JING Y, ARMSTRONG R T, MOSTAGHIMI P. Impact of mineralization on digital coal properties[J]. Energy & fuels, 2017, 31(11): 11558-11568.
[222] JING Y, ARMSTRONG R T, RAMANDI H L, et al. DigiCoal: a computational package for characterisation of coal cores[J]. Journal of petroleum science and engineering, 2019, 176: 775-791.
[223] JING Y, ARMSTRONG R T, MOSTAGHIMI P. Image-based fracture

pipe network modelling for prediction of coal permeability[J]. Fuel, 2020,270:117447.

[224] NI X M,MIAO J,LV R S,et al. Quantitative 3D spatial characterization and flow simulation of coal macropores based on μCT technology[J]. Fuel,2017,200:199-207.

[225] SUN H F,VEGA S,TAO G. Analysis of heterogeneity and permeability anisotropy in carbonate rock samples using digital rock physics[J]. Journal of petroleum science and engineering,2017,156:419-429.

[226] MOSTAGHIMI P,ARMSTRONG R T,GERAMI A,et al. Cleat-scale characterisation of coal:an overview[J]. Journal of natural gas science and engineering,2017,39:143-160.

[227] BAI B,ZHU R K,WU S T,et al. Multi-scale method of nano(micro)-CT study on microscopic pore structure of tight sandstone of Yanchang Formation,Ordos Basin[J]. Petroleum exploration and development, 2013,40(3):354-358.

[228] RAMANDI H L,MOSTAGHIMI P,ARMSTRONG R T. Digital rock analysis for accurate prediction of fractured media permeability[J]. Journal of hydrology,2017,554:817-826.

[229] RABBANI A,BAYCHEV T G,AYATOLLAHI S,et al. Evolution of pore-scale morphology of oil shale during pyrolysis:a quantitative analysis[J]. Transport in porous media,2017,119(1):143-162.

[230] JING Y,ARMSTRONG R T,MOSTAGHIMI P. Rough-walled discrete fracture network modelling for coal characterisation[J]. Fuel,2017,191:442-453.

[231] SONG R,LIU J J,CUI M M. A new method to reconstruct structured mesh model from micro-computed tomography images of porous media and its application[J]. International journal of heat and mass transfer, 2017,109:705-715.

[232] LIU X F,WANG J F,GE L,et al. Pore-scale characterization of tight sandstone in Yanchang Formation Ordos Basin China using micro-CT and SEM imaging from nm- to cm-scale[J]. Fuel,2017,209:254-264.

[233] 王刚,江成浩,刘世民,等.基于CT三维重建煤骨架结构模型的渗流过程动态模拟研究[J].煤炭学报,2018,43(5):1390-1399.

[234] 程志林,隋微波,宁正福,等.数字岩芯微观结构特征及其对岩石力学性能

的影响研究[J]. 岩石力学与工程学报,2018,37(2):449-460.

[235] ISLAM A, CHEVALIER S, SASSI M. Structural characterization and numerical simulations of flow properties of standard and reservoir carbonate rocks using micro-tomography[J]. Computers & geosciences, 2018,113:14-22.

[236] YANG Y F, WANG K, ZHANG L, et al. Pore-scale simulation of shale oil flow based on pore network model[J]. Fuel,2019,251:683-692.

[237] LV W F, YAN G L, LIU Y D, et al. Effect of fractal fractures on permeability in three-dimensional digital rocks[J]. Fractals,2019,27(1):1940015.

[238] 杨峰,王昊,黄波,等. 基于 CT 扫描的致密砂岩渗流特征及应力敏感性研究[J]. 地质力学学报,2019,25(4):475-482.

[239] WANG G, JIANG C H, SHEN J N, et al. Deformation and water transport behaviors study of heterogenous coal using CT-based 3D simulation[J]. International journal of coal geology,2019,211:103204.

[240] 王登科,于充,魏建平,等. 基于 LBM 方法的裂隙煤岩应力-应变过程中渗流特性研究[J]. 岩石力学与工程学报,2020,39(4):695-704.

[241] 王登科,曾凡超,王建国,等. 显微工业 CT 的受载煤样裂隙动态演化特征与分形规律研究[J]. 岩石力学与工程学报,2020,39(6):1165-1174.

[242] LI J, LI X R, SONG M S, et al. Investigating microscopic seepage characteristics and fracture effectiveness of tight sandstones: a digital core approach[J]. Petroleum science,2021,18(1):173-182.

[243] SHI X H, PAN J N, PANG L L, et al. 3D microfracture network and seepage characteristics of low-volatility bituminous coal based on nano-CT[J]. Journal of natural gas science and engineering,2020,83:103556.

[244] FAN N, WANG J R, DENG C B, et al. Quantitative characterization of coal microstructure and visualization seepage of macropores using CT-based 3D reconstruction [J]. Journal of natural gas science and engineering,2020,81:103384.

[245] WANG G, HAN D Y, JIANG C H, et al. Seepage characteristics of fracture and dead-end pore structure in coal at micro- and meso-scales [J]. Fuel,2020,266:117058.

[246] ZHU Q Z, SONG W H, YANG Y H, et al. An advection-diffusion-mechanical deformation integral model to predict coal matrix methane permeability combining digital rock physics with laboratory

measurements[J]. Applied geochemistry,2021,126:104861.

[247] 宋颜金,程国强,郭惟嘉. 采动覆岩裂隙分布及其空隙率特征[J]. 岩土力学,2011,32(2):533-536.

[248] 高明忠,金文城,郑长江,等. 采动裂隙网络实时演化及连通性特征[J]. 煤炭学报,2012,37(9):1535-1540.

[249] 王少锋,李夕兵,王德明,等. 地下煤火燃空区覆岩裂隙分布模型和局部化特征[J]. 岩土力学,2015,36(增刊2):104-110.

[250] 尹光志,李星,韩佩博,等. 三维采动应力条件下覆岩裂隙演化规律试验研究[J]. 煤炭学报,2016,41(2):406-413.

[251] 孙学阳,刘自强,杜荣军,等. 煤层顶板次生离层水周期突水致灾过程模拟[J]. 煤炭学报,2016,41(增刊2):510-516.

[252] WANG S F, LI X B, WANG D M. Void fraction distribution in overburden disturbed by longwall mining of coal[J]. Environmental earth sciences,2016,75(2):151.

[253] 李春元,张勇,李佳,等. 采空区瓦斯宏观流动通道的高位钻孔抽采技术[J]. 采矿与安全工程学报,2017,34(2):391-397.

[254] 马海峰,王文龙,李传明,等. 叠加开采裂隙场演化与优势瓦斯通道形成机制[J]. 中国安全科学学报,2017,27(6):133-138.

[255] 余明高,滕飞,褚廷湘,等. 浅埋煤层重复采动覆岩裂隙及漏风通道演化模拟研究[J]. 河南理工大学学报(自然科学版),2018,37(1):1-7.

[256] 梁涛,刘晓丽,王思敬. 采动裂隙扩展规律及渗透特性分形研究[J]. 煤炭学报,2019,44(12):3729-3739.

[257] 高明涛,辛恒奇,郭忠平,等. 黄河北煤田薄煤层采场上覆岩层纵向分带发育规律[J]. 西安科技大学学报,2019,39(5):790-801.

[258] 李建伟,刘长友,卜庆为. 浅埋厚煤层开采覆岩采动裂缝时空演化规律[J]. 采矿与安全工程学报,2020,37(2):238-246.

[259] 侯恩科,陈育,车晓阳,等. 浅埋煤层过沟开采覆岩破坏特征及裂隙演化规律研究[J]. 煤炭科学技术,2021,49(10):185-192.

[260] 杨科,刘帅. 深部远距离下保护层开采多关键层运移—裂隙演化—瓦斯涌出动态规律研究[J]. 采矿与安全工程学报,2020,37(5):991-1000.

[261] 魏宗勇,李树刚,林海飞,等. 大采高综采覆岩裂隙演化特征三维实验研究[J]. 西安科技大学学报,2020,40(4):589-598.

[262] 赵毅鑫,令春伟,刘斌,等. 浅埋超大采高工作面覆岩裂隙演化及能量耗散规律研究[J]. 采矿与安全工程学报,2021,38(1):9-18.

[263] ZHAO Z H, LI B, JIANG Y J. Effects of fracture surface roughness on macroscopic fluid flow and solute transport in fracture networks[J]. Rock mechanics and rock engineering, 2014, 47(6): 2279-2286.

[264] HUANG N, JIANG Y J, LI B, et al. A numerical method for simulating fluid flow through 3-D fracture networks[J]. Journal of natural gas science and engineering, 2016, 33: 1271-1281.

[265] LIU R C, LI B, JIANG Y J. Critical hydraulic gradient for nonlinear flow through rock fracture networks: The roles of aperture, surface roughness, and number of intersections [J]. Advances in water resources, 2016, 88: 53-65.

[266] ZOU L C, JING L R, CVETKOVIC V. Modeling of flow and mixing in 3D rough-walled rock fracture intersections [J]. Advances in water resources, 2017, 107: 1-9.

[267] 陈家瑞，董云，张渊，等. 考虑倾角与开度的薄基岩裂隙溃沙特性研究[J]. 岩土力学，2018，39(增刊 1)：244-250.

[268] 黄帆，姚池，周创兵，等. 考虑裂隙迹长和开度相关性的随机裂隙网络数值模拟及渗流分析[J]. 水利水运工程学报，2018(2)：35-42.

[269] 苏政睿，韦善阳. 基于 X 形真实裂隙通道的煤层瓦斯渗流模拟[J]. 煤田地质与勘探，2020，48(6)：109-115.

[270] 毋振华，王者超，郭玟志，等. 平面交叉裂隙非线性渗流模型参数人工神经网络预测[J]. 工程地质学报，2020，28(5)：982-988.

[271] XIE J, GAO M Z, ZHANG R, et al. Fluid flow characteristics of cross-fractures with two branch fractures of different roughness controlled by fractal dimension: an experimental study [J]. Journal of petroleum science and engineering, 2021, 196: 107996.

[272] YANG T H, LIU J, ZHU W C, et al. A coupled flow-stress-damage model for groundwater outbursts from an underlying aquifer into mining excavations[J]. International journal of rock mechanics and mining sciences, 2007, 44(1): 87-97.

[273] 张俊，盛建龙，黄涛，等. 岩体裂隙网络渗透特性与分形特征研究[J]. 化工矿物与加工，2020，49(11)：29-34.

[274] ZHANG Y S, NIU K, DU W Z, et al. A method to identify coal spontaneous combustion-prone regions based on goaf flow field under dynamic porosity[J]. Fuel, 2021, 288: 119690.

[275] 李日富.地面钻井抽采负压对采空区气体流场分布影响[J].煤炭科学技术,2012,40(7):38-40.

[276] 胡胜勇,张甲雷,冯国瑞,等.煤矿采空区瓦斯富集机制研究[J].中国安全科学学报,2016,26(2):121-126.

[277] 范超军,李胜,罗明坤,等.基于流-固-热耦合的深部煤层气抽采数值模拟[J].煤炭学报,2016,41(12):3076-3085.

[278] 马波,许江,刘龙荣,等.抽采长度对煤层气开采效果的影响分析[J].岩石力学与工程学报,2017,36(1):175-185.

[279] 林海飞,李树刚,赵鹏翔,等.我国煤矿覆岩采动裂隙带卸压瓦斯抽采技术研究进展[J].煤炭科学技术,2018,46(1):28-35.

[280] 徐玉胜,李春元,张勇,等.不同采高下瓦斯通道卸荷损伤演化及抽采验证[J].煤炭学报,2018,43(9):2501-2509.

[281] 赵鹏翔,卓日升,李树刚,等.综采工作面瓦斯运移优势通道演化规律采高效应研究[J].采矿与安全工程学报,2019,36(4):848-856.

[282] 郭晓阳,邓存宝,凡永鹏,等.煤层多分支水平井叶脉仿生瓦斯抽采实验研究[J].岩石力学与工程学报,2019,38(12):2418-2427.

[283] 胡秋嘉,毛崇昊,石斌,等.沁水盆地南部高煤阶煤层气井"变速排采-低恒套压"管控方法[J].煤炭学报,2019,44(6):1795-1803.

[284] 李树刚,徐培耘,林海飞,等.倾斜煤层卸压瓦斯导流抽采技术研究与工程实践[J].采矿与安全工程学报,2020,37(5):1001-1008.

[285] ZHANG T, GAN Q, ZHAO Y X, et al. Investigations into mining-induced stress-fracture-seepage field coupling effect considering the response of key stratum and composite aquifer[J]. Rock mechanics and rock engineering,2019,52(10):4017-4031.

[286] 桑树勋,周效志,刘世奇,等.应力释放构造煤煤层气开发理论与关键技术研究进展[J].煤炭学报,2020,45(7):2531-2543.

[287] FENG X T, HAIMSON B, LI X C, et al. ISRM suggested method: determining deformation and failure characteristics of rocks subjected to true triaxial compression[J]. Rock mechanics and rock engineering, 2019,52(6):2011-2020.

[288] FAIRHURST C, HUDSON J. Draft ISRM suggested method for the complete stress-strain curve for intact rock in uniaxial compression[J]. International journal of rock mechanics and mining sciences & geomechanics abstracts,1999,36:279-289.

[289] 王晓振,许家林,韩红凯,等. 顶板导水裂隙高度随采厚的台阶式发育特征[J]. 煤炭学报,2019,44(12):3740-3749.

[290] 左建平,吴根水,孙运江,等. 岩层移动内外“类双曲线”整体模型研究[J]. 煤炭学报,2021,46(2):333-343.

[291] 徐智敏,孙亚军,高尚,等. 干旱矿区采动顶板导水裂隙的演化规律及保水采煤意义[J]. 煤炭学报,2019,44(3):767-776.

[292] 钱鸣高,石平五,许家林. 矿山压力与岩层控制[M]. 2 版. 徐州:中国矿业大学出版社,2010:84-93.

[293] 钱鸣高,缪协兴,许家林,等. 岩层控制的关键层理论[M]. 徐州:中国矿业大学出版社,2003: 51-63.

[294] 吴家龙. 弹性力学[M]. 北京:高等教育出版社,2001:71-95.

[295] 沈明荣. 岩体力学-[M]. 2 版. 上海:同济大学出版社,2015:38-45.

[296] DERSHOWITZ W,EINSTEIN H. Three dimensional flow modeling in jointed rock masses[C]//Proceedings of the 6th Int ISRM Congress, 1987,16:87-92.

[297] DUDLEY J W,BRIGNOLI M,CRAWFORD B R,et al. ISRM suggested method for uniaxial-strain compressibility testing for reservoir geomechanics[J]. Rock mechanics and rock engineering,2016,49(10): 4153-4178.

[298] 王刚,江成浩,陈雪畅. 煤岩体孔隙结构应力特征的数值模拟研究[J]. 煤田地质与勘探,2021,49(1):57-64,80.

[299] 张玉江. 下垮落式复合残采区中部整层弃煤开采岩层控制理论基础研究[D]. 太原:太原理工大学,2017.

[300] KHOSRAVIFAR P,ZONOUZI S A,AMINFAR H,et al. Numerical investigation of the condensation of a rising bubble inside a subcooled liquid under magnetic field[J]. International journal of thermal sciences, 2021,160:106674.

[301] AMBEKAR A S,MATTEY P,BUWA V V. Pore-resolved two-phase flow in a pseudo-3D porous medium:Measurements and volume-of-fluid simulations[J]. Chemical engineering science,2021,230:116128.

[302] PINILLA A,RAMIREZ L,ASUAJE M,et al. Modelling of 3D viscous fingering:influence of the mesh on coreflood experiments[J]. Fuel, 2021,287:119441.